景観学への道

あるべき景観の姿を求めて

藤沢 和
【編著】

日本経済評論社

はしがき

ヨーロッパを旅すると、整然とした街並みの美しさに感動する。羽田空港を発ち、途中モスクワを経由し、赤茶けた田園を低空で飛びながらスペインの首都マドリッド郊外のバラハス国際空港へ着陸する。スペインは物質文明と精神文明が日本と好対照の国、車で全国どこを走っても快適な空間が飛び込んでくる。

翻ってわが国の街並みを見ると、こうしたヨーロッパの歴史ある都市にみられる個性や美しい景観は率直に言って乏しい。なぜか。敗戦のどん底から朝鮮特需を経て高度成長期に入ると、その土地・地域の伝統や佇まい、調和を軽視した都市建設、まちづくりが全国至る所で行われるようになった。その結果、落ち着いた木造の建物にかわって形や色、高さもまちまちな住宅やビルが建ち、無秩序な状況を招いてしまった。そしてアーバンルネッサンス、都市再生と称する規制緩和政策がそれに拍車をかけたのではないだろうか。

周囲との調和ある違和感のない落ち着いた景観か、所有者の権利や経済利益優先か。東京・国立のマンション景観裁判では、二〇〇二年地裁は原告勝訴の判断を下したことで大々的に報道され注目を集めた。それまでは経済的利益を最大限追求する業者は周囲の声を無視して建設を推進し、裁判になっても原告敗訴に終わっていたからである。この裁判は結局、控訴審と最高裁で一審判決が覆されて原告敗訴が確定している。

しかしこうした高層マンション建設をきっかけにしたトラブルは、環境意識や持続的社会への意識の高まりによって、近年では、景観の価値に対する意識にも変化が表れるようになってきている。二〇〇五年「景観法」はこうした背景のもとに施行されたといえよう。

ところでそもそも私が本書を編むきっかけとなったのは、この国立マンション景観問題で、ある人から相談を受けたからである。そこで調べてみると、日本には景観に関する評価基準が曖昧か皆無に近く、全国各地でこうした問題が起こっても、為す術がなかったというのが実情ではなかったろうか。とにかく景観を測る基準となる物差しがないのである。

そこで自らの非力を顧みず、「景観学」を山に喩えて、まだ誰も登頂したことのない山に少しでも挑もうと考えた次第である。

本書のⅠ「景観学序説」では小林一彦と丹羽鼎三にご登場願った。小林は京都町家の建物をスケッチしながら木造の日本文化の良さを守り育てようとしている一人である。また丹羽は枯山水の庭園をつうじてその歴史、伝統を伝えることを使命とした研究者であった。いずれも景観を考える上でベースとなるものである。また拙稿はこれまでタブー視されてきた景観を科学することに努めたものである。これら三編のコンセプトは、〝見て、観て、思索する〟ことである。まずは当該地域の景観資源環境をじっくり観察することからはじめようということである。資源を生かすも殺すもこれにつきる。

Ⅱは景観学の土台となるべきものは何か、景観学を支える既往の研究の紹介である。そしてⅢにおいて景観学の体系を展開したいと考えている。

編著者　藤沢　和

目次

I

景観学序説

1 木の家

——匠の木づかいを見る

小林一彦

【編者コメント】

ものをみる見方としてのスケッチのすばらしさ

まずはじめに、実存する木造の構築物を観察して、それを書き留めている小林一彦氏に登壇していただいた。

私は旅やハイキングが好きでよく野山へ出かけて行った。そのうちの一つに、奥日光の滝めぐりがある。代表的なものは言うまでもなく華厳の滝であるが、他にも裏見の滝、霧降の滝、丁子の滝、龍頭の滝、湯の滝等々結構数多くの滝に恵まれた地域である。これらを学生時代のゴールデンウイークに、友達と二人で散策した。その折、二箇所の滝をスケッチしたが、その滝の印象は五〇年後のいまなお強く残っている。それが後の、久我山駅近くの萩原篤志邸の日本庭園を設計する際に役立った。（その折、このスケッチ〔龍頭の滝〕を基に、模写した絵を設計に用いた。）それほど、スケッチと言う方法はものを眺めると同時に観察することになり、それが結局ものを見るのに役立つ。一生、頭の片隅にのこり、写真等より鮮明に記憶され、大変有効な手段、方法であった。だから、ここでものを見る手段として、小林氏の手法を取り上げてみることにした。もちろん彼は木造建築に関し現在でも活躍しており、また、町家の研究家でもある。

(1)　おいたち

私は長崎県北部の炭鉱地帯の町で生まれ育った。家業は材木屋だった。製材所があり、賃引きといって持ち込まれた原木を製材する以外に、木材市場で原木や山の立木を買い付け製材して販売していた。時々父に連れられ立木を買うため山に行った。山には主に杉や檜の林が多かったが、その他にも多様な草木が生えていて変化に富んだ面白いところだった。そのような環境で育ったことが、木に関心を持つきっかけとなった。

大学の建築科は木造とは縁がなかったが、卒業後、設計事務所に勤務して、時々木造住宅の設計監理の仕事をするようになって木に対する関心が蘇った。

木造建築設計の仕事のなかで、木の多様性を生かしデザインする試みを工務店、大工、材木屋などその道の専門家に投げかけ、試行することで、木材に関する知識と経験が深まっていった。

また外構造園や公園などの屋外施設設計業務で造園設計事務所と共同する機会に恵まれたことも景観としての木に関する知識と経験を得ることに役立った。

このように幅広く木に関わる仕事に恵まれ、木をデザインすることの面白さを発見してその魅力に嵌っていった。

(2) 木の魅力

木のデザイン　木は、家はもちろん船や荷車、家具、工芸品、彫刻などあらゆる物に使われている人間と最もかかわり深い材料である。材木は何百種もあり多様性に富んでいる。同じ木材でもその育った環境で材質も、木目や色合いも違う。西洋ではナラの杢《もく》の虎斑《とらふ》を珍重するが、日本人はさらに繊細である。それらの微妙な違い、例えば杉の天井板の杢に例えると秋田、春日、吉野、霧島、屋久島等で区別している。木目にしても、柾目、板目、中杢、縮み杢、玉目などの差異に注目して商品化していった。日本には優れたデザインの木の家、家具などの伝統がある、外国にも木の優れたデザインがある。それらのものから学びながら木のデザインを考えてきた。

スケッチをする理由　スケッチは挿絵として、文章で伝えたいことを補完することを目的に描き始めた。有名な一八世紀イタリアの版画家ジョバンニ・バティ

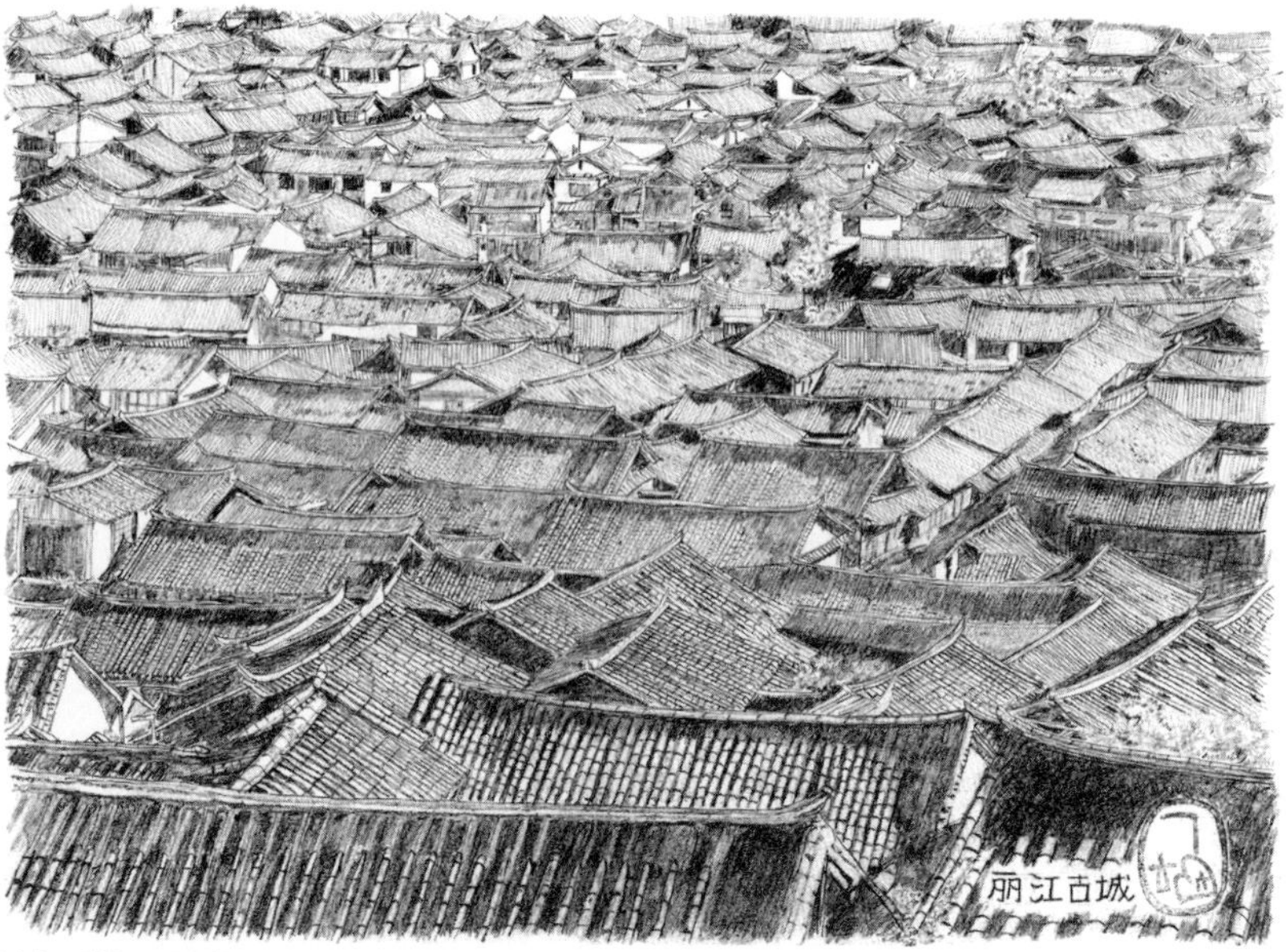

中国・麗江の町並み
麗江は雲南省北部で標高2300mの盆地にある。麗江古城（旧市街地）は1997年末に世界遺産に登録された少数民族の町である。ソリのある屋根で覆い尽くされた景観は見事である。

スタ・ピラネージは古代ローマの風景を見事な版画の作品にしている。そこには石造の建築物が描かれているが、私の場合は木造建築を版画的手法で銅版でなく安直に紙に描き、コピーで仕上げている。ピラネージが描いた「牢獄」のような幻想的な風景を木造建築物で描くことが夢だが、その道は遠い。

材木の文化　木は材木に限っても数百種類は使われている。適材適所の使われ方でその時代の文化の特徴がわかる。日本人の数寄屋の美学を支えてきた銘木屋が存在するのも日本だけだろう。日本には世界中から恐らく何百種類と木材が輸入されている。アフリカ欅、アフリカ桜、ラオス檜、台湾檜。日本人は木に世界で一番こだわりを持った国民ではないだろうか。

木造にこだわる理由　木材は構造材としては通直な針葉樹が使われる。その針葉樹の樹種は、松、檜、杉、樅、栂等多くの種類が使われている。その樹種は産地によって、また育った環境によっても強度や、年輪の密度、色合いも多様である。主に内装や家具材として意匠として使われる広葉樹は針

韓国大田

韓国・伊善道故宅祠堂

上流階級の家の祠である。垣に囲まれ聖域化され、他の建物より、高い場所で太陽の精気を長く受けられる東北に置かれる。儒教思想の最高の徳目である親孝行を表している。

奈良・旧吉川家住宅

外壁線に沿って玉石の上に半間毎に柱を立て、その間にも間柱として8～9cmの細い杉丸太の柱を立てている。西洋のハーフティンバーのような洒落たデザインである。

葉樹以上に樹種も材質も多種多様で何百種類とある。木材のデザインの歴史は長く、蓄積も多い。コンクリートや鉄骨は構造材としては優れているが、意匠材としては木材に比べ変化がなく魅力が乏しく、従って使われる頻度も少ない。多様多種な木材の森に入り込み、個性豊かな木材を歴史に学びながらデザインし、木材に命を吹き込んでいくその作業が魅力である。私は囲碁が好きで長い付き合いをしてきた。白と黒しかなく、どこに打とうと自由だが、どの場所に何時打つかの手順のみが強弱を分ける。囲碁には定石があるが、定石に学びつつその局面局面にあった工夫がないと、勝負に勝てないし、面白くもない。木材は工夫が無限に出来るので魅力が潜んでいる。

(3)　京都町家景観

町組み　いくつかの町が連合して結成された町組み組織が古く室町時代に成立していて、その歴史と伝統は住民たちの日々の生活に強く作用し、町の平

京都・秦家
伝統的な町家の要素が保全されている。表構えとして、門口（入り口）、出格子、通り庇（おだれ）、むしこ窓、看板塔等が挙げられる。これらの要素は京都の町家から日本各地に伝わっていった。

和と秩序を保つ上に大きく作用していたようだ。この町組みによる住民達の連帯相互規制は町内家並み構成、外観表現、建物規模を規制し秩序を乱すとっぴな行為は抑制され、今日わずかに残る調和のとれた町並みを形成する要因になっている。現在京都は、用途や景観など地域毎に、さまざまな規制がかけられているが、行政に町組みほどの力がないことは、現代の町並みが物語っている。

形式と手法　京都の町家は、天命八年（一七八八）、元治元年（一八六四）の両大火以後に建てられているが、それ以降も建築手法は大きくは変化していないそうだ。したがって今日残っている町家にみるさまざまな形式手法は、江戸時代のものを引き継いでいると見なせる。表構えは町家に共通する要素として、門口（入口）・揚げ見世（ばったりしょうぎ）・出格子・通り庇（おだれ）・むしこ窓が挙げられる。これらの要素は京都の町家から日本各地に伝わり、各地の町家にも見られる。その外にも京都の町家は、京間の横長のプロポーション、「むくり」のついた屋根、糸屋格子の繊細さ、犬矢来や駒寄せなどの優美な形で町家の足元を引き立てるしつらえな

京都・まどか
古びた町家だった。木を生かした外装は、伝統的な町家の要素にはないが、2階のすだれ、西日除けに竹の柵に朝顔をからませたしつらえもあって、洒落た町家に変身している。

ど、多様な要素で構成されている。

「京間」と「田舎間」　京間は畳の寸法が三・一五尺×六・三尺を基準にしたもので、田舎間は柱割を基準にしたものである。この言葉からも、京都が政治、文化の中心だった秀吉の時代に、この京間は確立していたことがわかる。言葉でいえば、京間が標準語で田舎間が方言にあたる。現代は、関東間が標準語に相当する。言葉の方言はすぐわかるが、建物の物差しは判別しにくいものである。一八八五年にメートル法が施行されたが、実際はその後も、尺貫法でほとんどの住宅は建てられている。京間の一間が六尺五寸（約一九七センチ）、関東間が六尺（一八二センチ）なので、両者にはかなり差があるが、言葉ほどには違いを意識することはない。中京間、四国間、九州間、越前間とかいろいろあるが、京間と関東間ほどには寸法の差がないので、さらに見分けがつきにくい。但し高さ、すなわち内法高さは、地方間の差はなく、ほぼ五尺八寸である。したがって京間は横に広くなっていて、ゆったりとして安定感のある感じがする。水平線を強調する和風の意匠にあったプロポーションである。

美濃・小坂家
古い町割や「うだつ」に特徴のある町並みを残して整備されている。小坂家はこの町の中心にあって、造り酒屋を営む商家である。18世紀末に建てられ重文に指定されている。

最近は日本人の身長が延びたこともあって、その内法もだんだん高くなってきて、縦長のプロポーションになってきている。江戸の美学は縦縞の模様を「いき」として好んだが、プロポーション的には江戸風になってきている。欧米のプロポーションに似かよってきている。

「いき」と「はんなり」の美学　「火事と喧嘩は江戸の花」といわれて江戸は物と人間の新陳代謝が早く、また「宵越しの銭は持たない」という刹那主義的な気風があった。江戸の美学は「いき」で、縦縞の着物がその代表になっている。建築的には関東の民家には関西には見られない、「梁算段」といわれる曲がりのきつい松材を使った梁組みや、茅葺き屋根の軒づけを茅の材料を変えて縞模様をつくる「しまがけ」と呼ばれる派手な手法が残っている。京都は江戸に比べて火事が少なかったこと、人の出入りが少なかったことや町組みの規制もあって、形式手法の類型化のなかで、京の木造文化が洗練されていったのではないか。瓦屋根のわずかなむくり、繊細な格子、精妙な大工仕事等造形的には抑制された「はんなり」とした美を作り出している、その背景に茶の湯など

奈良井・越後屋
奈良井は旧中山道の宿場町として栄えた町で、町並みはよく整備されている。その街角にある昔ながらの古い旅館で、外観だけでなく、もてなしも味わい深い。

生活文化の水準の高さ、大工をはじめとする職人の技量の高さがあって、初めて作り出されたものである。

ハリ（梁）のある話　京町家は屋根にむくりがあり軒高を押さえている。色彩も彩度が押さえてあり、沈んだ色、錆色が使われている。人目を引くようなことはあまりしていない。京町家には趣向の押しつけがない、作為を感じさせない。作為を見せないのが京町家の特色。京町家の自己主張は、間口いっぱい広げてみせる。店を張る感じ。

「八軒間口に家蔵構える」というのが、西鶴の本に出ているそうだが、これを旨としている。裏棚から表に出て店を張りたいなという思い、この店を張る感じが町家のデザインの最大の要素だという見方がある。

近代から現代の変化　京都は、東京遷都という大きな打撃を受けたが、琵琶湖疎水の建設、水力発電所の建設、市電の開通など、一連の近代化政策がとられた。近代都市への脱皮という形で多くの洋館が建設された。それは全体から見れば少数で、洋館の水準も高く、調和を乱す

韓国・雲鳥楼住宅
舎廊棟は男性の居住空間で開放的な形状である。この舎廊棟にある楼マル（楼閣的な客間）は主人の夏の空間として、他の空間の床より高く作られている。精巧な鶏子欄干や腰板が付けられている。

というより、京都の町並みにアクセントがつけられた程度だったようである。ところが第二次世界大戦後の変容は急激で次々と町家が姿を消し、京都らしい町並みは急激に失われている。滅びゆく美学なのか、ここ数年町家ブームが起こっている。町家をレストランや店舗などに改造して利用される例が多く見られる。利益誘導型というか、町家は客を呼べる、おしゃれだということが起因しているようだ。町家は和風建築の意匠と四季折々の飾り付けなど、京都の伝統的な文化を受け継いでいく舞台装置でもあるので、一時的なブームに終わらないことを祈っている。

(4) 民家を支えた木

民家の主役——木挽きの見立てた松梁　「小金井市の江戸東京たてもの園」は、大きなクヌギと桜の林に囲まれた、素晴らしい環境のなかにある。このクヌギは、かつて武蔵野の原風景を代表する樹木として植えられている。歴史的な建物を、美しく整備された環境でみることが出来るのは、建築を学ぶものにとっては

江戸東京たてもの園・綱島家梁の細部
中央の梁の右側柱との納まりに注意。

ありがたい。その西のゾーンの一角に、いかにも関東の民家らしい綱島家が復元されていた。関東の民家の特徴の一つとしては、きつい曲がりの梁を使うところにある。関西の松梁も曲がってはいるが、関東にくらべればずっとおとなしい。上下の曲がりはあるが水平方向には曲がっていない。関東の民家は上下左右に、曲がりくねった梁を巧みに納めて、派手な見せ場にしている。綱島家の土間から広間にかけての梁組みはおとなしく、関東の民家らしくないと思いながら座敷に入ると、面白い細部が目に入ってきた。スケッチは二間続きの座敷の南側から北向きに鴨居上方を見たところである。座敷の境壁の上部の梁は広間の方に向かって、うねりながらゆるやかにアーチを描き、広間との境の柱に取り付くところで、広間の梁の柄《ほぞ》を避けて、上向きに強く曲がって納まっている。この奇妙な形を巧みに生かしている。それが、座敷の面白い景色となっている。この民家の、この梁を調達したのは誰か?

それは木挽き職人だった。材木屋のなかった時代は、家の間取りから木材の調達、粗削りまで、木挽きの仕事だった。この梁の断面が八角形で手斧で削られているのがなによりの証拠といえる。

これは戦後でも、木挽きのまだ残っていた地方のことをよく知っている元棟梁の証言である。木挽きは、プランナーであり木を見て木を刻むデザイナーでもあったのである。この奇妙に曲がった梁を発見した時、一番の見せ場に使う決心をし、それに応えたのが大工だったのではないだろうか。スケッチではわかりにくいと思うが、この奇妙な梁に交叉する大梁は、広葉樹で材種はわからないが、手斧《ちょうな》で削られた跡が、変化に富み実に味わい深い。木挽きは宝石デザイナーのように、木材の美しさを引き出す木材のカット職人でもあったのである。

（本稿は、藤沢和監修「第一巻 景観学序説」（私家版）、二〇〇八年から転載した。）

2 景観測量

——実存空間の景観を科学して観る

藤沢　和

(1) 月山の見える村

一九七一年九月一六日、私は初めてこの村を尋ねた。そこは日本でも屈指の限界集落（過疎）だと聞いていたからである。そこにおいて私が永年真に村で探し求めてきたものは、〝人間とは何か〟である。こういう場においてこそ人間の癖（性《さが》）が見えやすいのではないかと思ったからである。

その地は、山形県の天童市から最上川を渡って寒河江《さがえ》市を越え、鶴岡市に向かう国道112号線の途中の町、西川町の管轄《かんかつ》下にあり、その村の名は〝小山村（区）〟である。

その日以来踏査を重ねて三六年になるが、二二年後のある日、すなわち一九九三年一一月一四日の秋祭り（文化祭）に基調講演を依頼された。その趣旨は、この年は大変な凶作で、村中、米一粒も収穫できないくらい、最悪の冷害の年となってしまって、その救世主となるべく講演の依頼を受けたのである。ところが、当日、当該地の公民館二階の大広間の講演舞台にさりげなく登壇したが、しかしその時、会場に広がる聴衆の表情を見て、背筋に衝撃が走った。それは、挨拶して頭をもたげた瞬間、用意してきた原稿がまったく使いものにならないことを直感したからである。その理由は会場に参集してくれた村人達が、余りにも年老いていたこと、そして手足や耳までもが不自由にして、どんなに今までまとめあげてきた論文の論旨を力説してみても理解してもらえないと感じたからである。す

村人が提示した凶作年の稲穂

なわち冒頭から天を仰いでしまったのである。

その瞬間、窓の外に視線が走った。外の風景が飛び込んで来たのである。そこに空があった。それこそが、後の地域計画に必要となる〝景観〟を発見した瞬間である。講演の持ち時間は六〇分で、なんとか間に合わせの経験でいろいろと語り、持ち時間に耐えて降壇した。

その折、即席で纏めた話の結論は、村には臍《へそ》がある。で、そこを活かせとの提言で終わった。すなわち、この最悪の凶作の米無き一年間は、ご当地のへその地を中心として〝恵まれた風土・風景・景観の資源を食って生き延びよ〟との課題を、理解されたか否かはわからない、提言をして降壇し帰途についたのである。それが後の「景観問題」の起点となった。

景観を食って生き延びよ、とは

景観に関する周知の諺に、風土千年、風景百年、景観十年がある。この三つの言葉のもつ意味は、言葉の誕生経緯にあってのことだろうと思われるが、それはそれとして、私は類似の共通した意味あいを含んでいるように感じている。

例えばそれは、風土は一家の家長夫婦であり、風景は若い一家を収入面で支える夫婦、そして景観はその家の子供達である。すなわち遺伝子レベルでは皆繋がっていて、したがって、世の中には何故か風景と景観用語について大変こだわる人もいるが、私はあまりこだわっていない。これらの言葉をケースバイケースで用いているし、また区別はあまり鮮明にはしていない。要はその場その場の雰囲

講演会場「小山公民館」

気で表現し、用いている。

さて、ここで言う風景を食って生き延びよとはもちろん、当該地のすばらしく恵まれた風土・風景・景観を意味している。すなわち、これをこの際もう一度、ふるさとの恵まれた自然環境資源と伝統文化資源を確かめて、次年の天候を信じて、来る年に備えようではないか、と提言したのである。

ではその恵まれた風土、特にここでは風土資源景観とは何かを確かめておかなければならない。

まずそれは、当該地域を取り巻く山野であろう。ここでは「秋葉山」と「月山」（一九八四メートル）がその代表的な山である。次いで谷間を縫って流れる入間川の渓流も、また僅かな空間にへばりつくように散在している棚田や畑も、そして集落の個々の家並み（茅葺き）もが資源であろう。すなわち対象は集落を取り囲む風俗習慣の風土のすべてである。

(2) 西川という町の姿

山形県のほぼ中央西部に位置し、人口は約七三四九人（二〇〇二年）、面積約三九三平方キロにして、農業と観光の町である。ただし、過疎化に傾く町として、その対策に追われている現状にある。町は山形市と鶴岡市を結ぶ国道１１２号線沿いに展開した町である。町の特徴には、出羽三山詣での街道筋の町であり、寒河江ダムの月山湖等があるが、とにかく山菜の豊富な地域である。一方豪雪で悩まされている町でもある。隣町寒河江市との合併問題が時々浮上しているが、今は独立独歩の道を歩んでいる。

看板がうるさい村

一九九三年秋、同町内の、志津《しず》と言う集落を若者達数人で尋ねた。村は月山のスキー場の経営管理者らが住む村にて、民宿も多く、温泉もあり、町内では比較的恵まれた集落である。我々は月山へ行く途中、むらの入口で車を止めて、学生に志津集落の概要を知るべく立ち並んだ。するとN君が突然、この村は〝看板が多すぎてうるさい！〟と言い放った。そこで私は、即座に、では研究室へ戻って、CG（画像処理）して、看板を少なくして見ましょうと答えたが、これが後の〝景観測量〟発見誕生の瞬間である。

むらが消えてゆく

二〇〇七年一〇月二四日付の朝日新聞社説に、現在の日本に限界集落は七八〇〇を数え、そのうち消滅の危機にさらされているのが二

志津集落の現状（上）
画像処理で看板を一部削除後（下）

六〇〇、実際この七年間で二〇〇ほどの集落が消えた——とある。さて、一九七一年小山村に調査研究のため入村して以来、一九九三年の講演まで二二年間の経過を辿ってみると、以下のような展開がみられた。即ち、当初我々が出向いた折、

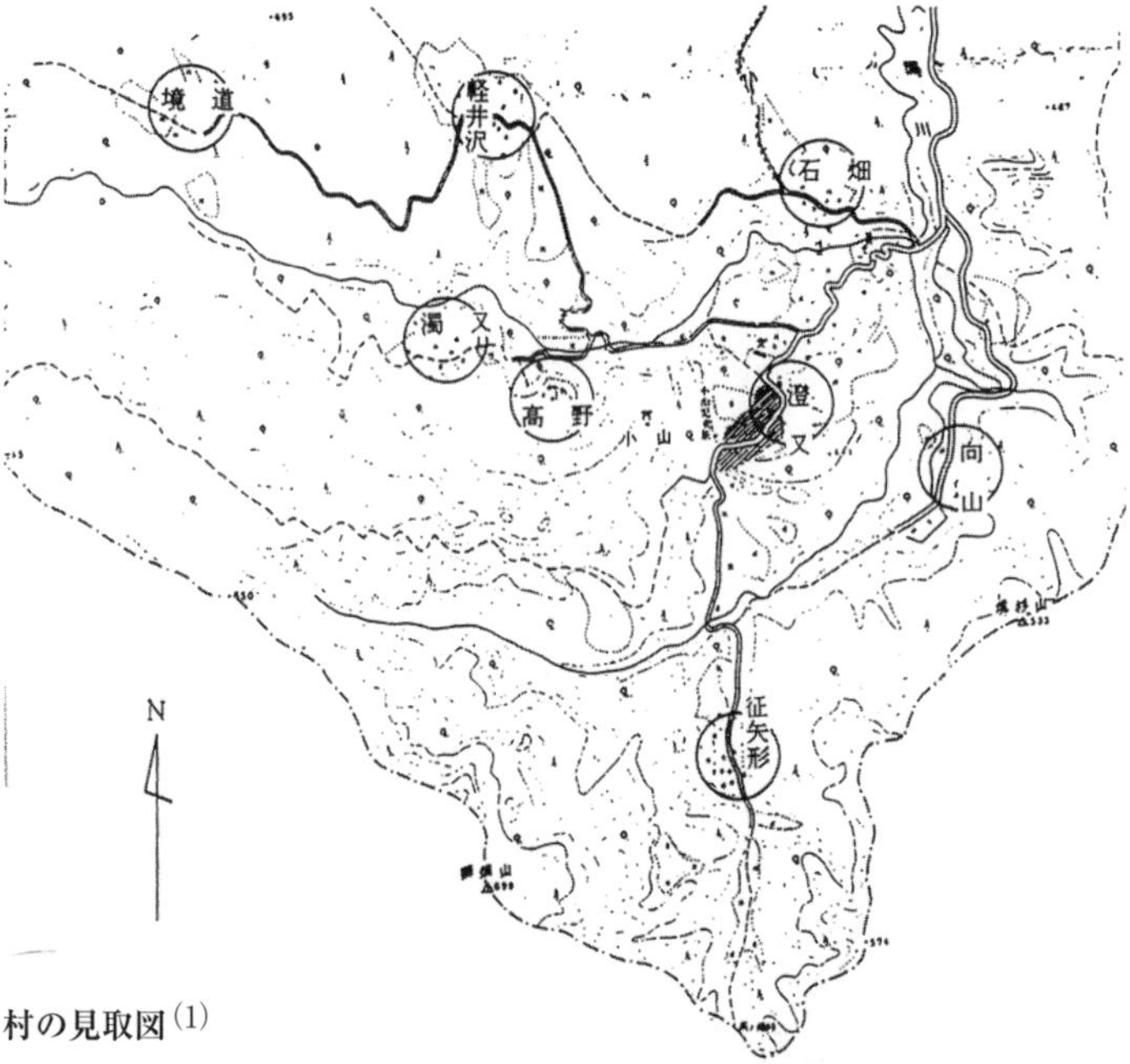

村の見取図(1)

調査項目／集落名	集落 戸数	永住希望率 註1	耕地面積 水田	畑	所得（1戸当り）〔註5〕 総収入	粗収入〔註6〕	出稼率	出稼依存度〔註2〕	生活所要時間〔註4〕（夏） まちまで日用品の買物	バス停留所	小学校	冬 常時除雪道路	病院診療所	人口推移（註7） 戸数	人口
	戸		a	a	万円	万円	%	%	分	分	分	分	分	戸	%
石畑	8	94	47.9	22.1	74.1	57.5	75	21	105	65	20	138	105	−3	−26.5
向山	4	38	19.3	13.8	39.2	20.5	75	48	125	85	25	180	125	−2	−52.2
潟又	7	94	32.8	36.5	53.8	32.1	83	40	105	85	22	175	125	0	−20.9
														(高野−1)	(高野500)
軽井沢	11	87	54.9	47.5	68.2	46.0	71	33	140	100	35	189	140	0	− 6.8
征矢形	10	60	45.9	30.6	61.5	48.1	50	22	140	100	35	190	140	−1	−25.0
萱谷地	12	63	40.8	19.2	74.8	55.3	75	27	105	65	0	138	105	+2	−21.3
境道	1	100	20.0	10.0	37.0	12.0	100	68	200	160	63	235	200	−2	−73.7
澄又下	12	100	48.3	19.3	60.5	54.2	25	10	110	70	5	145	110	−5	−32.5
澄又上	10	100	41.6	23.2	65.8	55.8	24	51	110	70	5	145	110		
合計	75	—	—	—	—	—	—	—							
平均	—	78	42.5	27.8	65	47	69	27	128.9	88.9	23.3	170.6	128.9		

〔註 1〕 永住希望率は移転を希望しないを 100，わからない 50，移転したいを 0 として換算した。
〔註 2〕 出稼収入／粗収入
〔註 3〕 調査日 1971 年 9 月 16～20 日
〔註 4〕 渡辺兵力他著 p. 189 表-24 「山村集落の構造と分析と再編成計画」より
〔註 5〕 所得は各項目毎に基準を定めて換算推定したもの
〔註 6〕 粗収入には出稼収入を入れずに計算したもの
〔註 7〕 渡辺兵力他著「山村集落の構造と分析と再編成計画」p. 165 より 35 年と 44 年の人口推移の比較

村の概要

(1)「山形県西川町小山地域に対するアンケート調査よりみた農山村集落の実態について」藤沢和・田村徳一郎共著、明治大学農学部研究報告No.29、1972。下表も同じ。

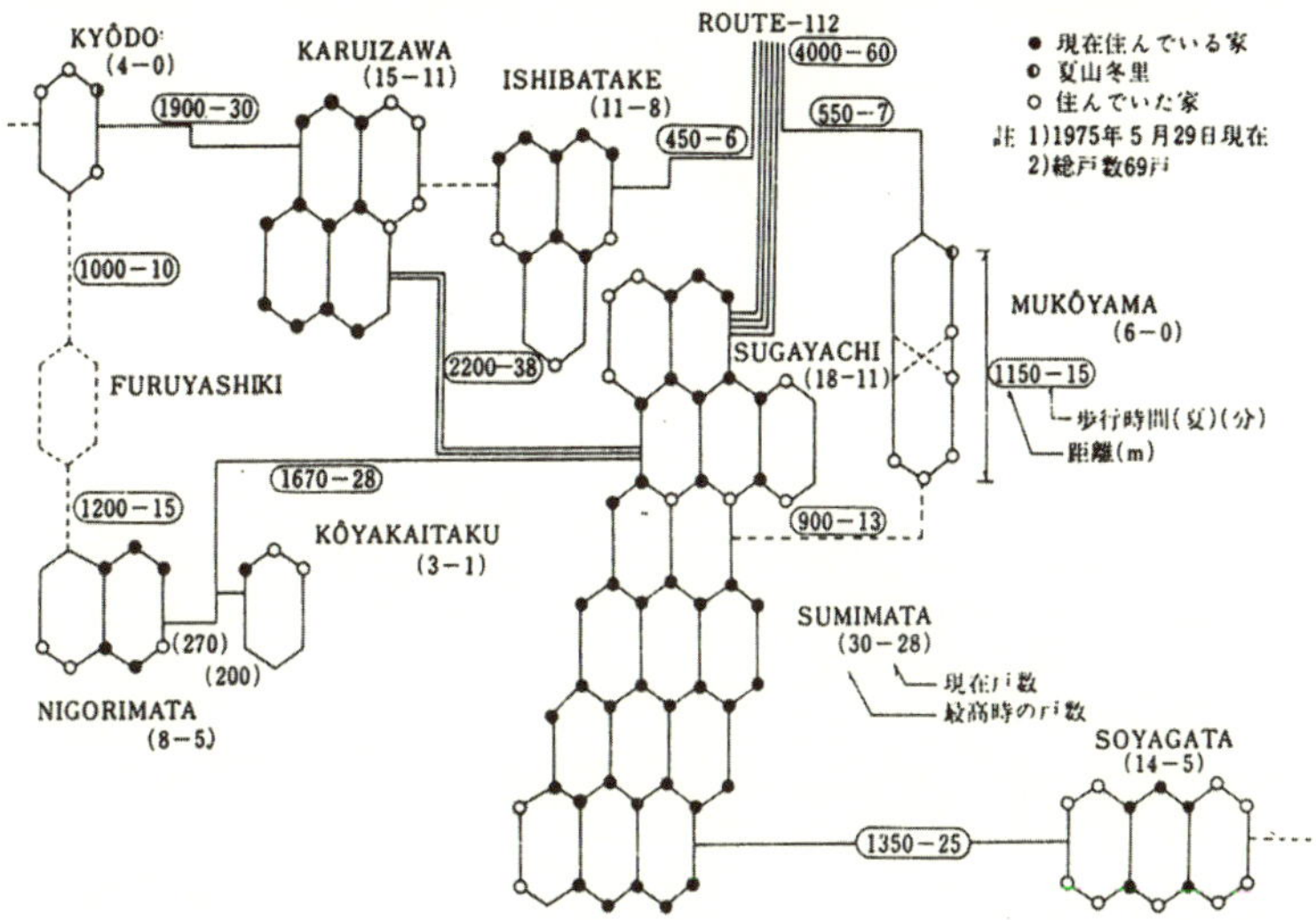

集落のメカニズム図 (2)

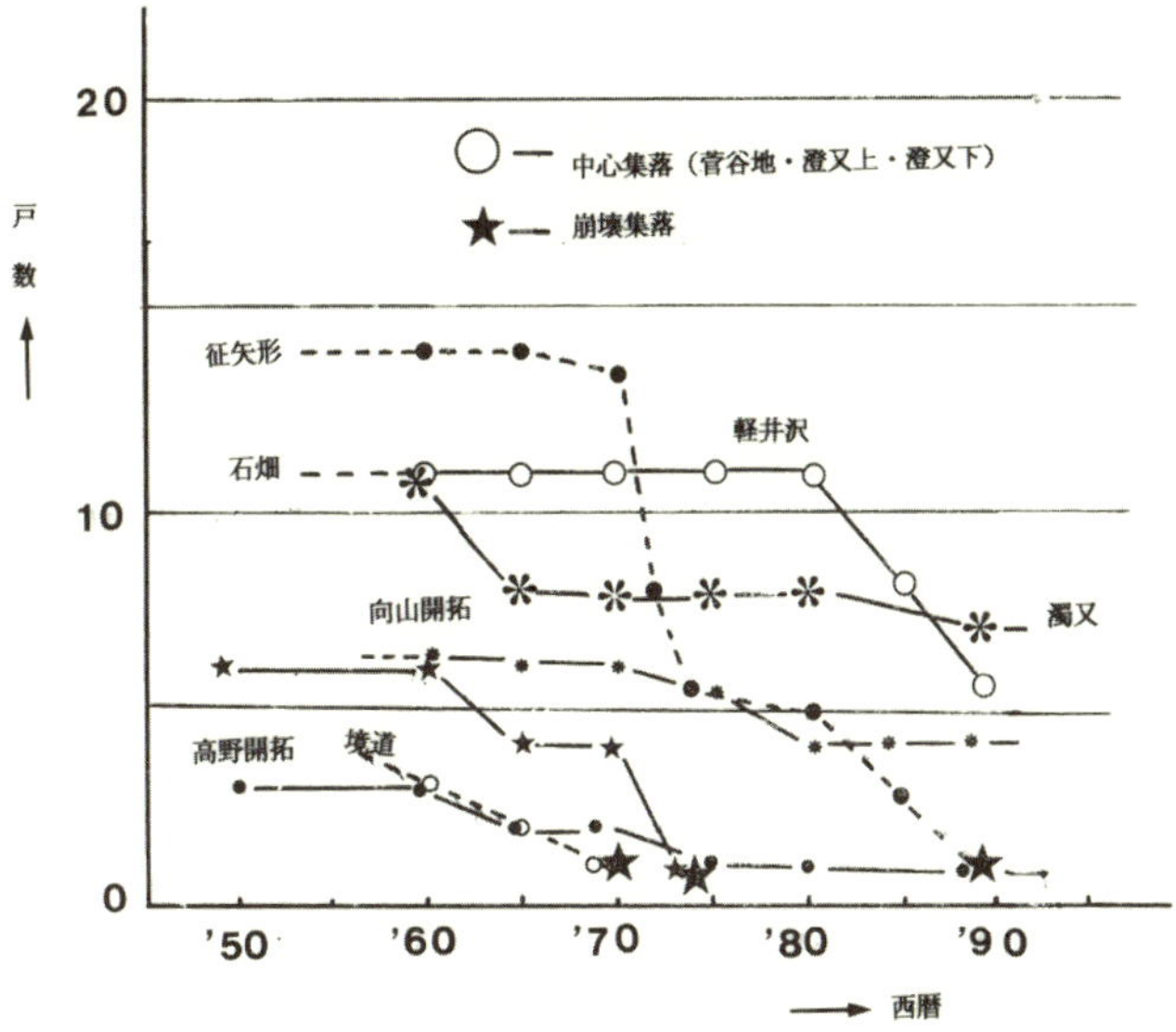

村の崩壊過程

(2)「集落戸数の最少ユニットについての考察」藤沢和、明治大学農学部研究報告No.35、1976。下図も同じ。

小山村には一〇集落あり、七五戸が存在していたその集落の中で石畑、高野開拓、境道、向山開拓、征矢形《そやがた》が諸々の理由で次第に困窮し、住民は集落を離れ、思い思いに離散離農して行った。

それらの理由を鑑みると、もちろん一つのみの理由で離村した訳ではなく、複合的な理由が介在していたであろうと判断している。しかしきっかけというか、思い当たる最大の理由を探ってみると以下のように見えた。

まず、①小学校や街の中心街への交通で、比較的に時間距離が遠かった集落「境道」（三戸）の離散。②耕地面積が小さく、収入が少なく、交通の便も悪かった「向山開拓」（四戸）の離散。そして日向村（軽井沢）は残ったが③日陰村「征矢形村」（一三戸）の離散である。これらの村々は、直接間接、この地方特有の豪雪が陰に陽に関係し影響を与えてきたことは言うまでもない。もちろん、道路整備をすることによって町の中心街への交通が便利になり、テレビ等の普及によってインフラの整備が進み生活全体のバランスを相対的に見つめることができるようになってきたためである。

(3) 景観測量（Landscape Surveying）とは何か

そもそも現代の「測量学」の目指す「学」とはいったい何か。昨今いろいろな測量に関するアンケートが毎年のように私の手元に全国から飛び込んできている。それに対応すべく最初のうちは毎回まともに返答してきたが、今では面倒くさくなって時々しか答えていない。これらの傾向は測量機械にコンピューターが組み込まれ、大変便利になり精度も確保できるようになってきたため世界的なものだと思われるが、世の中にには永いこと「測量学」と言う学問が存在してきたし、現在でも全国の多くの大学、学部、学科に存在していて、それぞれ大半はほそぼそと儀礼的にノルマを消化しているかに思える。かつてバブルが弾けるまでは、隆盛をきわめていたが、以降は下降傾向にあり、今では停滞気味であろう。その原因の最大のものは、コンピューターの出現である。それは多少技術的にも知識的に見ても未熟練者でも、機械化、システム化された機械器具類の操作によって、必要な距離や高さや角度（Ｘ、Ｙ、Ｚの値）が、ある程度正確に測られ、情報を確保できるようになってきたからである。

さて、そこで我々は測量の原点に戻って考えてみたい。即ち「測」とは何か、「量」とは何か、〝SURVEYING〟とは何かである。

「測」の三水《さんずい》「氵」はもちろん、水を意味し、立刀《りっとう》「刂」は刀を意味し、則は、はかる意である。すなわち、水の深さをはかることであるが、他にもこころで推し量る、考えをはかる、推量、推測等がうかがえる。そして「量」の日は、升の上面の形にして、重はふたつの意にて、升に入れたり空にしたりする意、ひいては測る意味なのである。

もちろん現在ではＧＩＳ（地理情報システム）、ＧＰＳ（汎地球測位システム）測量やリモートセンシング（遠隔探査）等も盛んに実施されてきている。

そしてSURVEYINGのSURVEYは、測量する、見渡す、見下ろす、概観する、観察する、検分する、調査する、査定する等の意味がある。

これを纏めてみると、測量とは、人類が人間として生きるために必要な情報を測ればよいことになる。幾多の戦争と共に技術発展してきた側面をもっているとも言えるが、ここでは人類の平和への活用、地域活性化への貢献を旨としたい。これを測量の本務とする。

さて、本題の〝景観は科学できるか〟である。その課題は関係者達が長年、論争してきた課題にして、ここではあえてこの難問に挑戦してみることにしたい。それは、その場に何かが実存している場合、その場に実存している物がある限り、多少なりとも、ある方法で、ある部分や視点において、必ず実存を証明し、〝科学できる〟部分があるはずと考える。

その手法をここではあえて、〝景観測量(3)〟と称し、位置づけて試みてみた。すなわちそれは、普段人間が自然体の姿で立ち、目の位置において、何が見えているのかを測ることである。本測量は、実存の場をできるだけ科学的に写し取って（もしできうれば雰囲気まで）、可能な限り数値化し、または図化して、科学し

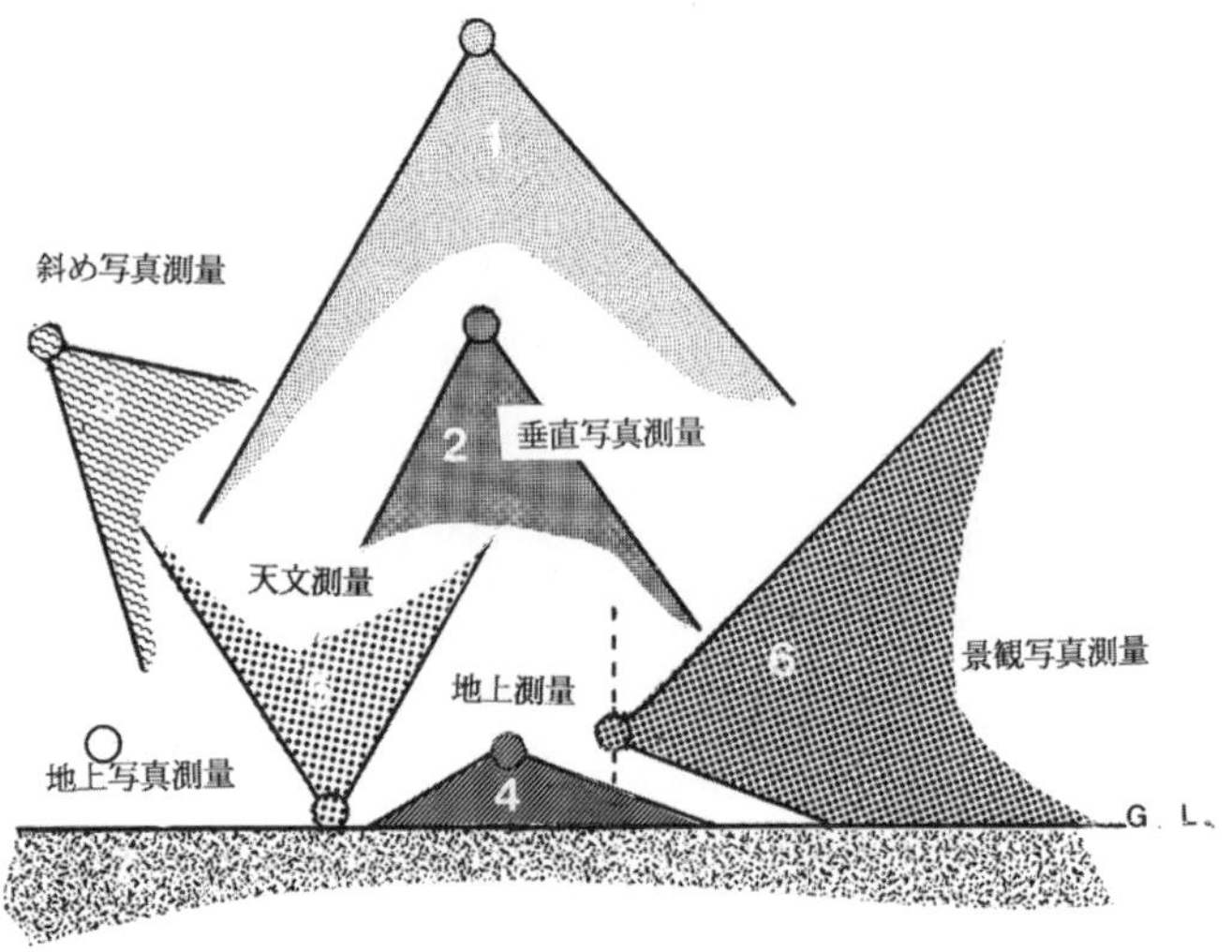

景観測量の概念図

(3)「景観写真測量方法とその考察」藤沢和著、1992年度農村計画学会10周年記念講演会・学術研究発表会要旨集、1992（於東京大学）

てみる方法である。(4)

こうすることによって、少しでも実存の姿を知りそれがひいては住みやすく、憩い、癒される空間の出所を分析し、明らかにして、神髄に迫り、その知識を活かし応用した、環境計画なり地域計画へと繋げていく指針である。すなわち本測量が目指すものは、人類のために必要な平和的で、博愛主義的な視点での方法である。もちろんそれは写真測量の一部門と重なる。であるが、これを図で示せば前頁の図のようになる。

(4)　農山村空間の景観特質

〔事例①〕生き残る日向集落

さて、日陰集落と日向集落を比較してみたい。即ち崩壊過程を歩んだ「征矢形」集落と「軽井沢」集落の対比である。

先の講演で〝集落にはへそがある〟と提言したが、そのへその条件の一つに、その場は明るく広く、交通の要所であること、としている。すなわちここでは、日照時間を問題視してみたいのである。

測量機械のトランシットをその〝へその地点〟に据え付け、天頂角を中心にして各地点の一周（三六〇度）、すなわちスカイラインを観測してみたのである（次頁の図参照）。そしてその角度を算出し比較検討してみた。

すると、日陰集落と日向集落とは、空の面積はあまり大差なくとも、東西南北

(4)「景観環境論」藤沢和・角田幸彦・井川憲明・渡辺直道、地球社、1999。

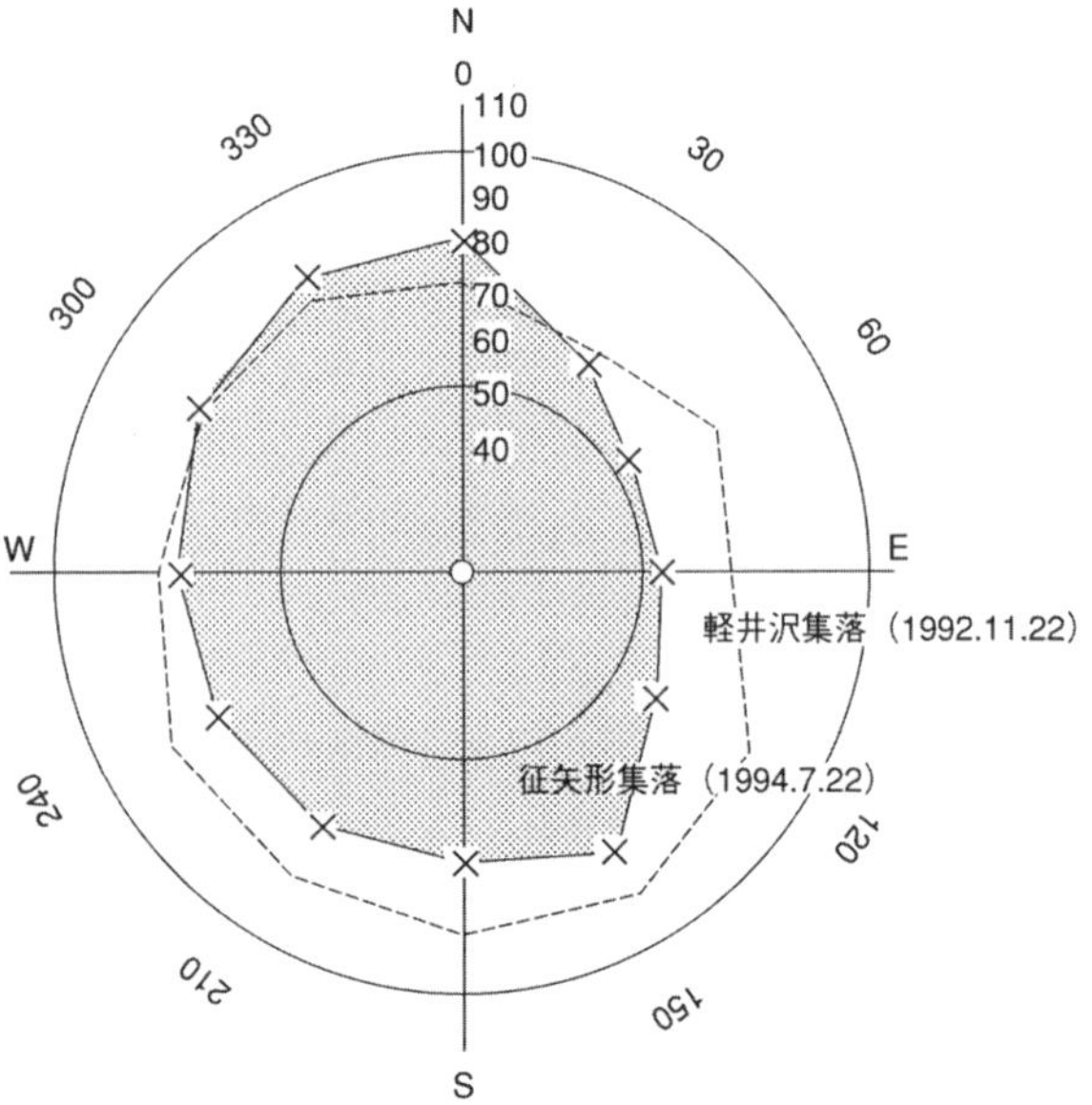

村の空の形と太陽の入射角

スカイライン測量

（第一象限、第二、第三、第四象限）の割合比較には、みるべき値の変化がみられた。すなわち日照時間の差である（右廻りに第一～四象限とする）。

〔事例②〕茅葺き屋根の家

良き景観を考える時は、江戸時代に遡《さかのぼ》って考えてみよ、と言う指摘を聞いたことがある。なるほどと思われる。また各テレビ局には決まったように時代劇なるものが一本乃至二本くらい存在している。これらの作品の撮影には、場所選びに苦慮されているように憶測している。すなわち、現代産業を象徴するような場においては、電柱、電線、自動車、広告塔が全くない場所を選ぶのは、大変苦労と思うからである。また、飛騨高山の白川郷まで行かなくても、日本の田舎道を車で散策走行してみれば、しばしば見掛けることがある茅葺き屋根の家。これは田舎の雰囲気を味わうことが出来る典型的な光景である。

それがこの当該地域ではしばしば見られたのである。ただし、折角のこうした田舎の景観資源は維持管理が大変なので、適切な補修を行っていないと、修復が困難となり、取壊しに至るケースが多い。この地域からも年々、こうした恵まれた景観資源が消滅の一途を辿っている現実がある。

ではこの〝茅葺き屋根の家の良さ〟は、景観的に見て何処に潜んでいるのだろうか。その一端を探って見たい。ここでは単純に〝線による形〟を測ってみた（次頁の図）。

すなわちそれは、茅葺き屋根の持つ景観特性であって、その魅力とは、縄文・

弥生時代からの永い間続いてきた伝統であり、素材はすべて自然物であるが故に、人工的に着色されておらず、線や形から受ける雰囲気の印象は、柔らかく素直で優しいのである。また管理保存も焚き火による煙をたなびかせる風情の色と雰囲気は、落ち着きを我々に与えてくれる自然と人間との共生の傑作物なのである。

〔事例③〕 棚田の景観特質

今の日本には〝棚田百選〟なる演出もあって、田舎が象徴的な流行語にもなっている。一方、国や県、または市町村団体にて実施してきた〝圃場整備事業〟によって、日本列島の津々浦々まで、驚くほど、区画整備されてきている。棚田は極くごく僅かなパーセントにほかならず、それはなんらかの理由で区画整備が困難な場か、たまたま残された部分を美的に表現したまでのことである。であるが、それが景観的にみて素晴らしいのである。

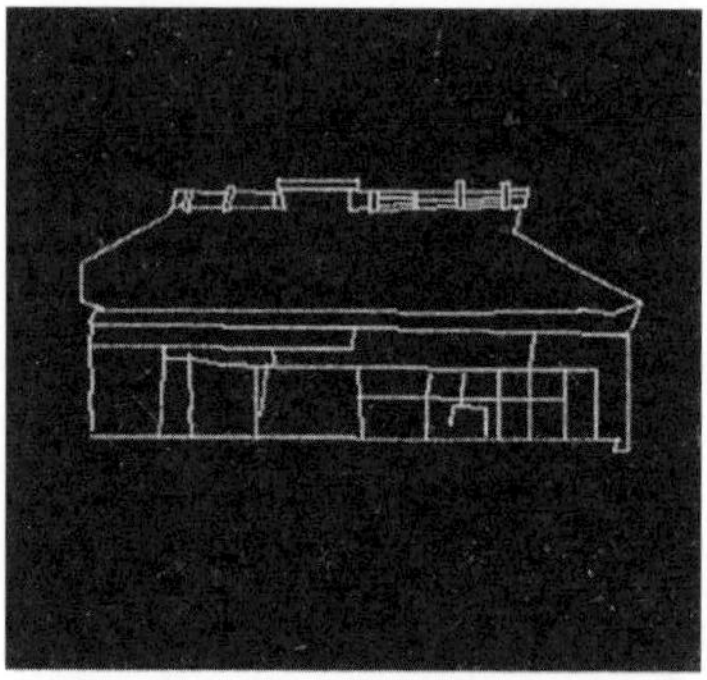

田舎の線（茅葺きの家）

都会の線（横浜市）

さてその棚田の景観には、どんな特徴（秘密）があるのだろうか、それを一部取り出し探ってみたい。下の図は、棚田の輪郭を捉えたものである。すなわちこれを言葉で相対的に表現すれば直線対曲線（不定型）の相違である。

では何故、不定型の曲線に〝棚田百選〟とまで言わせて、尊ぶ根拠があるのだろうか。それは、人間が自然界の中で生まれ、育まれ、終焉を迎える、つまり最初から最後まで、自然の一部であるからである。ただ面倒臭く、困難だから、直線の定規が使いやすいから、これを多用したに過ぎないのであって、理想的には、地形に合わせて圃場を成形していくのが本来のあるべき姿であろう。他にも棚田には数多くの特質がある。例えばそれは、あまり地形を変えないが故に、自然と共生して、目に見えない数多くの生物達が生息している。気のきかない整備は生態系の破壊乃至壊滅を招く。棚田はもちろん水源管理の一助ともなるし保全にも繋がっている。だからこそ棚田を今見ると牧歌的でかつ、安寧で質が伴っているから素晴らしく

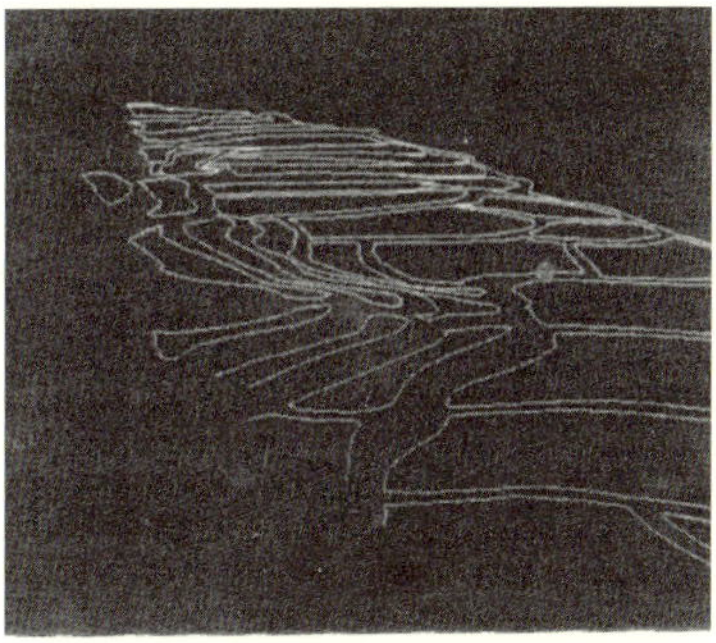

棚田の景観特質

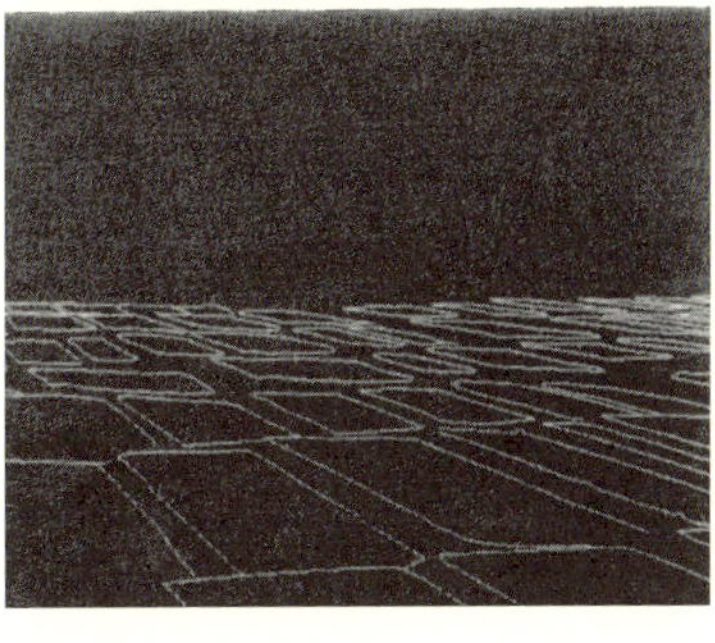

圃場整備景観

見えるのである。

〔事例④〕 畑地の景観特質

言うまでもなく耕地には大きく区分すると田畑の二種類がある。畑地景観資源とは何によるものなのか。これを分かりやすく説明してみたい。だがこれも結構難問である。すなわち奥が深いものがある。

そこでまず、身近な例から進めてみる（当該地域に畑地は少ないが）。

八ヶ岳山麓に〝清里高原〟の田園風景が展開している。そこをドライブしてみて、快適に思わないドライバーは少ないと思われる。その理由を考えてみると、そこは農地だからである。といっても、土と根菜類の緑である。すなわち原点は〝土と緑〟なのである。それだけではない。そこには〝畝《うね》の凹凸〟が、結構よい働きをなしているのではないか。つまり、太陽光による〝光と影〟の陰影をかもし出し、どんな真夏の日中でも、耕地を見て、まばゆいことはないのである。サングラスは必要ないのである。そこに田畑のもつ景観的資源の秘密が隠されている。すなわち凹凸のもつ秘密が隠されているのである。また、生鮮食料生産だけではなく、癒し系の貴重なねむれる視覚的資源が潜んでいるのである。そこを現代人に分かってもらいたいところである。もっと言うならば、牧歌的絵画を描く画家や、田園を題材にした音楽家らは、このことをとっくに発見して、素材として用いて成功しているのである。われわれ農学者達はここではっきりと知り、自覚するべきなのである。さらに付け加えるとするならば、この凹凸は光と陰の芸術であって、その良さは農学の中にとっくに入ってきてよい存在と言える。しかしその世界は今は閉ざされていて未開発のままである。

〔事例⑤〕　枯山水庭園

地球上の数多くの素材には、ことの大小を問わなければ少なからず凹凸は存在している。これらは、目に見えたりあまり見えなかったりするが、しかし人間に多大な影響を及ぼしている場合がある。例えばそれは、千葉県の九十九里海岸。時々は行って見たくなる。行ってしまえばそこで過ごす時間は僅かだが、さりとてなんだか心が癒されて帰る。広大で寄せては返す波の凹凸をみながらスーっとするのである。また、山頂で雲海のソフトな凹凸を眺めていると、登頂時の苦労がいっぺんに吹き飛んでしまう。また世の中には美男美女と称する人々がいるが、これも鼻や目の輪郭のちょっとした大小（凹凸）で決まる場合が多い。このように凹凸は、我々の日常生活に数多く関わりをもって潜んでいて、陰に陽に影響しているのである。

さて、ここに一枚の写真がある。日本を代表する日本庭園で、枯山水庭園である。この庭園は、京都龍安寺の石庭である。これをみて強調したいことは、日本列島は他国と比較して狭い。その狭い中で、多少の変動があるにしても、一億二千万人の人々が、憩い、未来永劫至福を求めて住み続けなければならない。そのためには、土地利用を最大限に工夫、創造して、快適な空間を演出しなければならない。すなわち、特に都市部において、

京都・龍安寺の石庭

三十年後百年後の在り方を問うのである。この場合に本手法がヒントになるのではないか、と予測を立てている。即ち、東京や川崎においても、また横浜においてもである。例えば熱海市は狭い中にビル群が林立している。これらの将来計画において、この枯山水手法が応用できるのではないのかと、想像しているのであ

砂紋あり	因子1	因子2	因子3	因子4	因子5	因子6
はりつめた－ゆったりした	−0.784	0.117	−0.069	0.053	0.011	−0.054
なごやかな－とげとげしい	0.851	0.056	0.022	−0.045	−0.085	−0.113
親しみやすい－親しみにくい	0.696	0.132	0.048	−0.065	−0.126	0.005
冷たい－あたたかい	−0.785	0.047	−0.289	0.204	−0.047	0.035
きゅうくつな－のびのびした	−0.803	−0.071	−0.002	0.008	−0.339	−0.118
がさつな－優雅な	−0.206	−0.532	0.294	0.141	0.097	−0.016
美しい－みにくい	0.170	0.830	0.049	−0.026	−0.048	−0.093
ありきたりな－特色のある	−0.100	−0.562	−0.299	0.191	0.003	−0.133
知性的な－知性を欠いた	−0.117	0.688	−0.047	0.044	−0.099	0.234
素朴な－洗練された	0.236	−0.673	0.000	0.022	−0.070	−0.049
にぎやかな－落ち着いた	−0.035	−0.082	0.652	−0.361	0.073	0.239
動的な－静的な	0.167	−0.074	0.723	−0.174	0.020	0.083
変化に富んだ－単調な	0.241	0.309	0.666	−0.054	0.147	0.014
沈んだ－陽気な	−0.239	−0.048	−0.307	0.950	−0.038	0.012
古風な－モダンな	−0.154	−0.185	−0.153	0.309	−0.175	−0.169
うすっぺらな－深みのある	−0.268	−0.488	−0.151	0.114	0.540	−0.099
不安定な－安定した	−0.041	−0.218	0.264	−0.054	0.394	0.076
軽やかな－重々しい	0.186	0.128	0.108	−0.257	0.477	−0.192
進歩的な－保守的な	−0.206	0.282	0.249	−0.408	0.231	0.412
力強い－弱々しい	0.053	0.121	0.139	−0.039	−0.099	0.671

砂紋有り—因子分析結果

砂紋なし	因子1	因子2	因子3	因子4	因子5
うすっぺらな－深みのある	0.625	0.449	−0.019	−0.076	−0.210
にぎやかな－落ち着いた	−0.545	0.250	0.158	0.489	−0.008
動的な－静的な	−0.576	0.109	0.097	0.368	0.078
変化に富んだ－単調な	−0.751	−0.147	−0.103	0.292	0.076
力強い－弱々しい	−0.483	−0.132	0.319	−0.071	0.214
ありきたりな－特色のある	0.760	0.375	0.045	−0.021	0.043
素朴な－洗練された	0.403	0.317	−0.291	−0.116	0.237
がさつな－優雅な	0.309	0.690	0.066	−0.081	0.101
美しい－みにくい	−0.119	−0.721	0.001	0.099	0.137
不安定な－安定した	−0.014	0.451	0.131	0.246	−0.260
知性的な－知性を欠いた	−0.079	−0.753	0.184	0.001	0.075
はりつめた－ゆったりした	0.156	−0.157	0.850	−0.080	−0.099
なごやかな－とげとげしい	0.151	−0.078	−0.804	−0.040	0.166
きゅうくつな－のびのびした	−0.211	−0.003	0.614	0.003	−0.251
進歩的な－保守的な	−0.397	−0.132	0.144	0.601	−0.037
沈んだ－陽気な	0.201	0.200	0.086	−0.534	−0.284
軽やかな－重々しい	−0.059	−0.177	−0.229	0.553	−0.017
古風な－モダンな	0.006	−0.205	−0.035	−0.369	0.000
親しみやすい－親しみにくい	−0.076	−0.255	−0.452	0.053	0.574
冷たい－あたたかい	0.182	0.079	0.381	−0.123	−0.865

砂紋無し—因子分析結果

る。

砂紋は海、椿の樹は緑地公園、石は、公共施設や多目的総合ビルとして考えてみる。道路など、必ずしも地表である必要はなく、地下構造施設へと整備し移行していくものとする。すなわち狭いところを広く見せ感じさせる手法の一つの貴重な手段なのである。

〔事例⑥〕水田の景観の脳波解析(5)

現代において景観を科学する幾つかの方法の中で、将来的に大

砂紋の凹凸無し

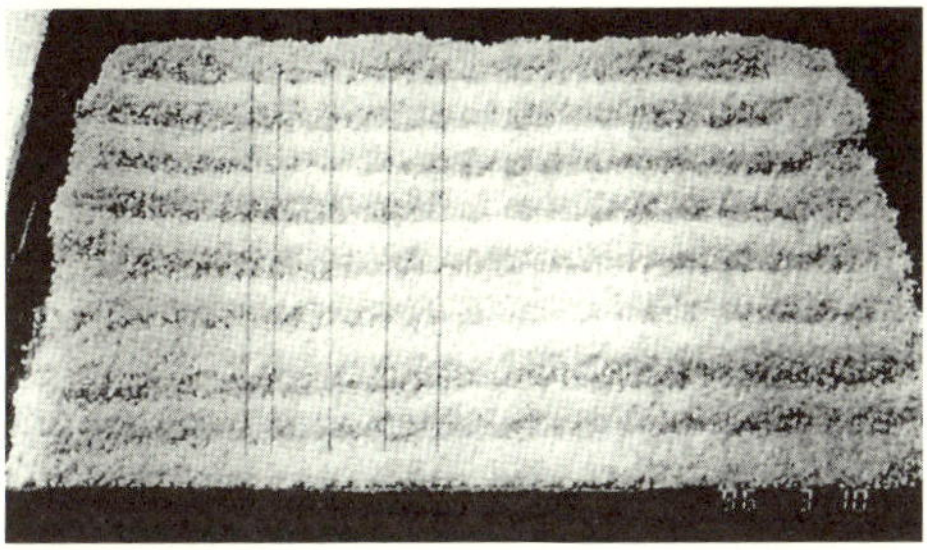

砂紋の凹凸有り

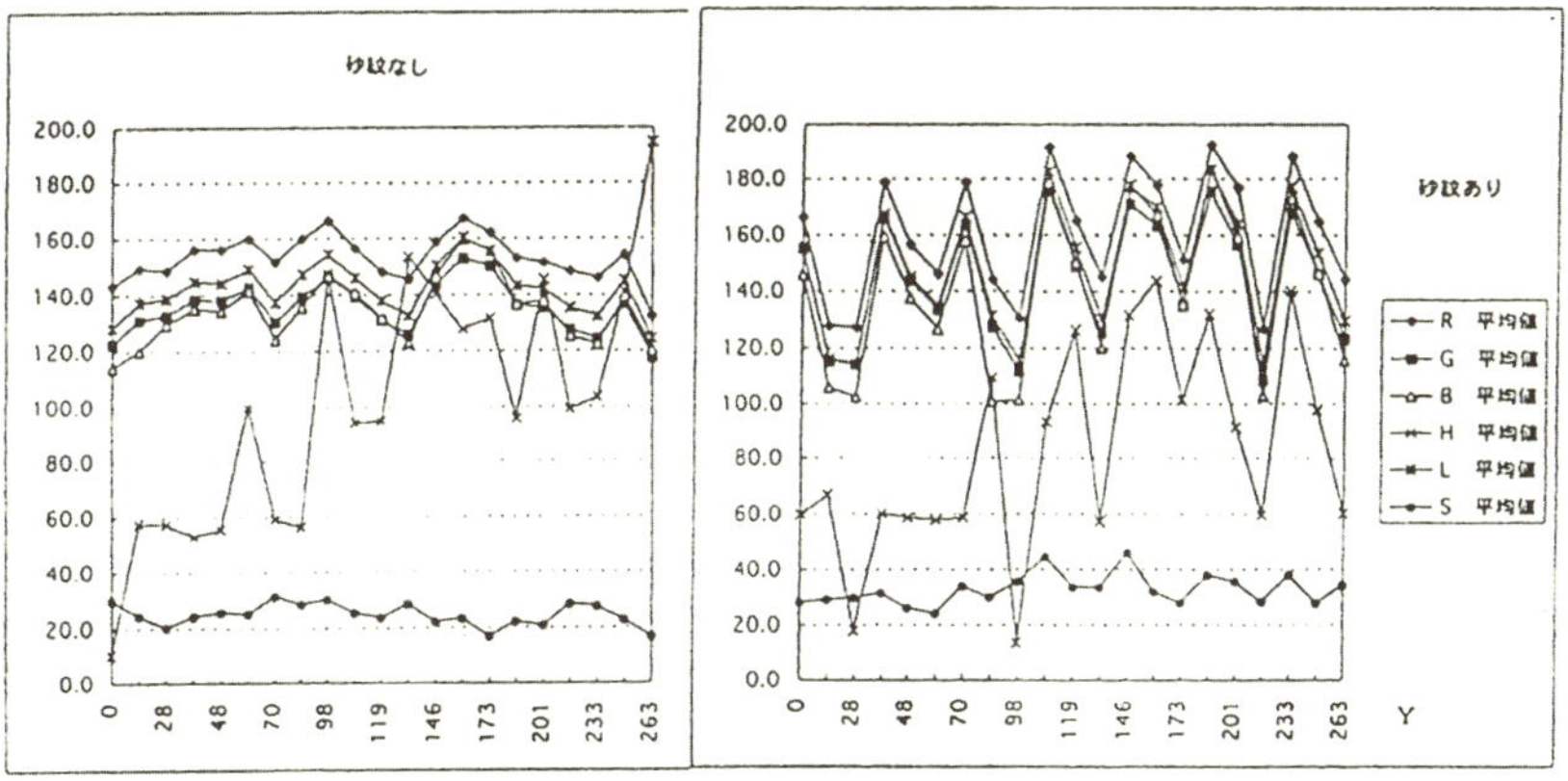

光の分析結果

卒業研究論文「白砂の砂紋の有無が景観に及ぼす影響」柏俣仁美（明大農学部）による（1998.2）

(5)「水田の景観特性について」草間淳平・藤沢和、2008年3月7日日本景観学会農工大大会発表（学会誌Vol.11掲載予定）

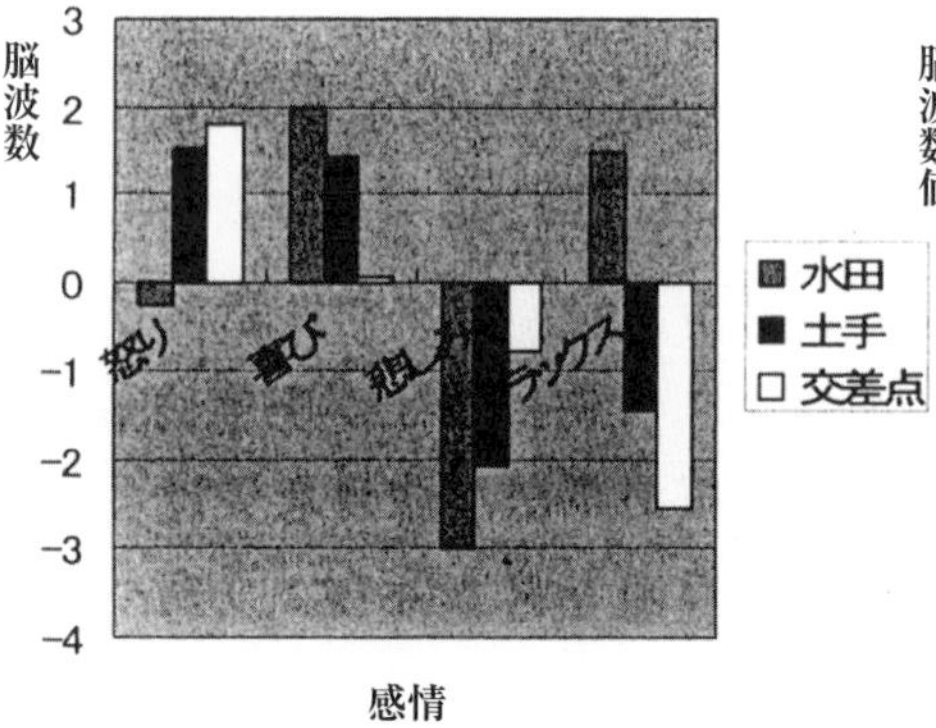

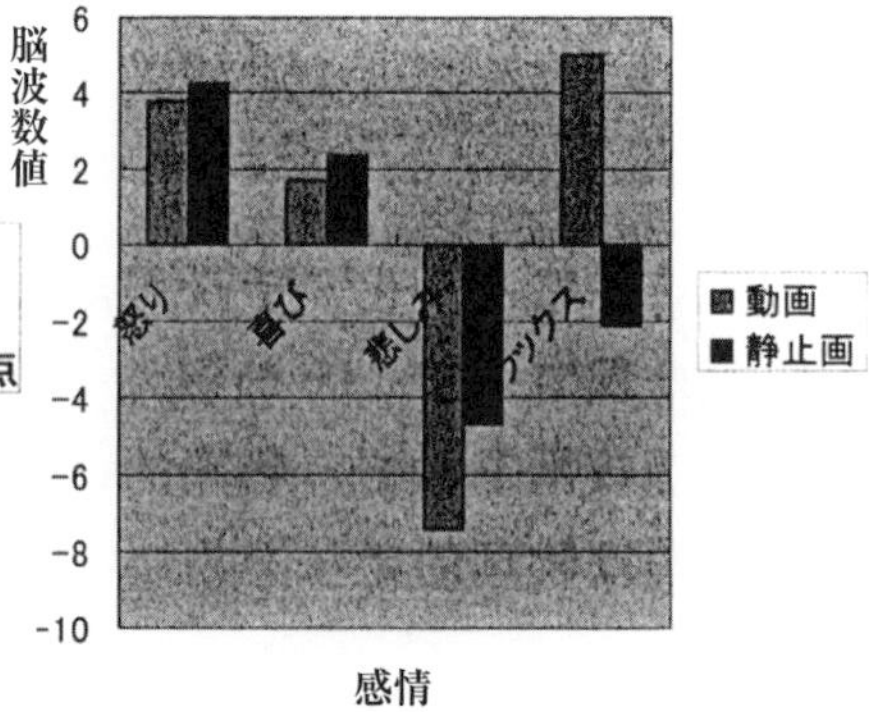

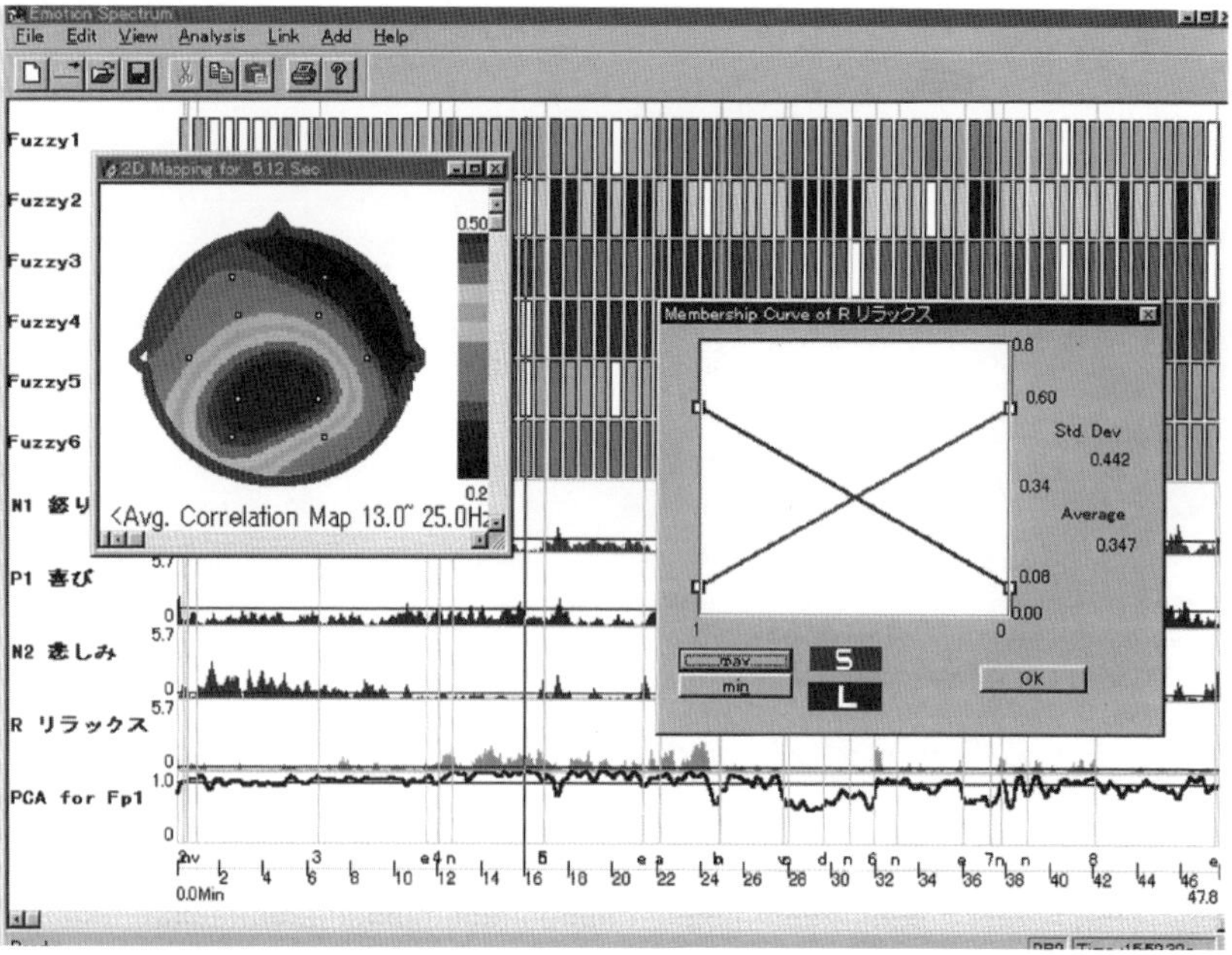

感性解析拡張ソフトウエア

切な方法は、感性解析から攻めるのが一つのよい方法だと判断している。ついてはここ数年にわたって実際に現場写真を事例としてテストを幾度か試みている。そしてある程度の可能性を感じるようになってきてもいる。すなわち本方法は人間の感性状態を脳波を用いて解析するものである。またSD法（統計的手法）等は、人間の置かれた環境を、多少の差、すなわち対象物ないし対象者によっての好き嫌い等で、必ずしも真の値が見ずらい場合も考えられるからである。

我々は、本方法によって、また対象物の静止画像や動画像によっても、その差を発見すべく、テストを重ねている。

（「株式会社エヌエフ回路設計ブロック」のソフトを用いて解析）。

動画像を使用した脳波測定事例として水田（稲穂の景観特性）を解析、検証してみた。動画像は「水田景観」、「土手」、「原宿の交差点」の三箇所のものを使用した。脳波解析装置として感性スペクトル解析装置ESA―16（株）脳機能研究所）を使用。プロジェクターにそれぞれ三〇秒間ずつ投影した。被験者は明治大学農学部三名、二〇〇八年一月二六日に実施した。その結果は前頁の図のようである。

(5)　まとめ

景観は科学することができたか

景観に関する研究で論争が繰り広げられてきたし、または裁判訴訟まで進んでいる場合もある。今後ともなおまた課題が頻発してくるものと思われる。それがこの世界の動向である。

そこでの展開は、結局、景観の善し悪しを科学的に分析し評価できうるか否かにかかっているように思われる。それは当然にして当たり前のことであるともいえるが。

さて、我々は、その結論が、社会全体に対して、地球規模での環境問題に対しても、教育問題に関しても、景観環境対策上、否であれば、何もここで声を荒だたせて、主張する必要はない。

しかし、現実は違う。何かが違うのである。景観の向こうで、どうやら何かが、環境問題も含めて、人間の住む場が、日に日におかしく（不備）なってきているように感じられてならないのである。そこで、ここでは周知のありふれた視点、角度、方法かも知れないが、とにかく、いま考えられる方法を整理し纏めておく。人事を尽くして、あとは後継者達の英知に期待したい。

ものを科学する条件とは、①現実・現象を説明できること。②現実・現象を予測し文字または図をもって表現できること、である。

さて、日本において現実問題として、「景観は十人十色の好み」とか「好みだから判断できないもの」とされ、永年タブー視されてきた。それらの判断はそれなりに認められるが、その視点での遣り取りによって景観問題研究が阻害されたり阻止されたりして、展開を阻んできた経緯も幾度か見てきた。

ではどうして世の中には美人コンテストが存在するのか、女優が存在するのか、食の名産品や特産品が存在するのか、景勝地や日本三景が存在するのか——不思議とは思いませんか、矛盾を感じませんか、景観はある程度統計的であるにせよ科学出来るのである。

私は、身の廻りにおいて、そこに物が実存*している限り、ある程度それらを科

月山の見える小山集落

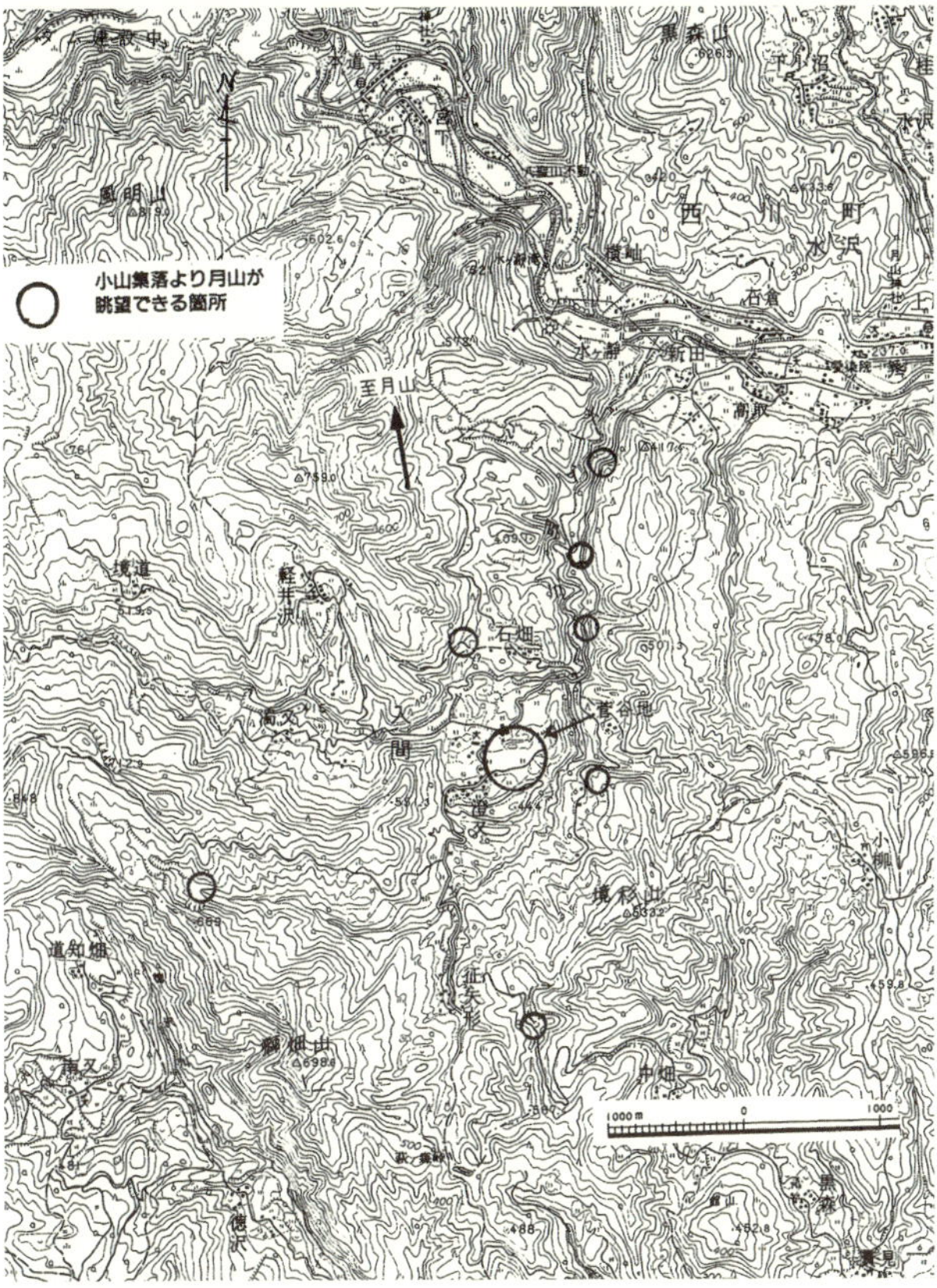

月山の眺望可能地点

学することは可能であるとの立場で考えている。だから身の廻りのものからその検証を始めているのである。

その方法とは、①統計処理（SD法）、②画像処理による分析、③脳波測定、④既存の論理の活用等である。

おわりに

まず最初に、対象とする物や場をしっかりと的確に〝見て、観て、よくよく観察し、思索する〟こと。そして次の段階として、計画や施工段階へと進んで行く。

ここに二枚のむらの写真がある。すなわち山形の山里の集落で、「濁り又」と「征矢形」である。この二つの集落は西川町の中の小山地区にある。この二つは入間川沿いに点在する集落で、強いて言えば、一方は残したくても残せなかった村だし（消滅）、他方はいまなお残っている（残っているが限界集落であることには間違いないことだが）。

残したい村－濁り又

残せなかった村－征矢形

*実存（existence）について――ここでいう実存とは、現実にその場に存在することをいう。すなわち、あまり哲学的に用いたりしないで「現実に存在すること」として一般的な見方で考えている。

そこで、ここではその僅かな違いの差を明らかにするために前記の方法を採り入れた。それを証明する一つの方法として〝景観測量〟の意義を発見し、それが本方法の趣旨である。

（本稿は藤沢和監修「第一巻景観学序説」（私家版）二〇〇八年から転載した。）

3

庭の落葉

――日本の「枯山水」庭園を思索する

丹羽鼎三

【編者コメント】

思索活動の手本

本稿は私の学生時代のゼミの教科書である。もちろん最初から読めたわけではない。辞書を片手にしながら、五回、一〇回と読み返していた。するとだんだん理解できるようになっていった。さりとて、この本文を乗り越えて、日本庭園、特に枯山水庭園の真髄の醍醐味が語れるか、と言えば、いまだ師を越えては語れない。したがって、当時のままの文体で掲載することにした。本著は日本のよさを詠った名著の一つであると思っている。

日本の庭園（1）——写意庭園

庭園とは　「には」は「斎場」の意で、「神を祭り、祖先の魂を祀る浄域」の事で有った。支那では、「庭」は「屋前」又は「階前」と註せられ、「家屋の前の場所」と云う事になって居る。西洋に於いては、“Garden”は「垣に囲まれた植物を栽培する場所」を表す語とされて居る。

是等三つの庭の語源乃至内容を見ると、其所に夫々の民族性の窺われるのは、興味深い。即ち、日本人は言葉というものが出来た頃、既に神祇や祖先を崇敬して居ったことが知られる。支那の人々は、先づ家屋を造り然る後之を立派に見せる為めの装飾として、庭を営んだものと解せられ、其の「面子」を重んずる習性と思い合わせて、成る程と頷ける。西洋人が、圍墻を設けて他の侵入を防ぎ、其の中に植物を栽培するのは、其の実利性を表明するものと解して、差し支へないと思う。

其の後、各民族とも、永い歴史の経過と文化の発達とに因り、上述の原始的な庭が、夫々特色有るものと成り、今日見るが如き、各種各様の庭園を展開するに至ったので有る。

然らば、庭園とは抑も何んなものか。之に対する簡明なる解説は、一寸見当らない。生活が複雑化するに連れて庭園も多種多様と成るので、夫等を一言にして表明するのは難事たるには相違ない。しかし、いつまでも放って置くわけにも行かないので、筆者は次の様な解説を加えて見た。即ち、庭園とは、水・土・木・石等、主として自然材料を以て作出せられた、美的景観を持つ特定の地域で有る。

と、云うので有る。勿論、右は、庭園を一つの芸術的創作と観る事を前提としたものなので、厳格には、「芸術庭園」と云うべきものかも知れない。従って、之に拠れば、児童遊園や運動競技場は庭園では無い事に成るが、一方にまた、現時の公園の中の或るものは、庭園の範疇に入る事にも成る。

◇　◇

明治以降　明治に成って、西洋の文物制度が潮の寄せる様に日本に入って来て、官庁・公館・学校・商社等が、西洋式の建物に変り、其所に勤める人々が洋服を着、靴を履く様に成り、日本人の生活様式には相当の変化が起こった。一方、江戸時代の大名の屋敷が取り払われて、数有った庭も跡形を止めず、夫れに連れて、武家屋敷と其の庭も取り壊された。そして、新に「公園」なるものが現れ、「庭」は「庭園」と成り、其の様相が次第に変わって来た。その変貌は、建築などと同様に、新来の西洋風の庭園と在来の日本の庭園との併存で有って、日本庭園でも無く西洋庭園でも無い、両者を折衷一丸とした新なる様式の庭園の出現では無かった。

日本が戦争に負けて、昭和二〇年八月から数年間戦勝国軍

京都大徳寺塔頭大仙院書院庭園（2006年12月。藤沢和撮影。以下同）

に占領されたので、戦勝諸国との関係が密接と成り、夫等の国々の人々の日本への来往が空前の頻繁殷賑を極めた。其の結果、夫等外国人には目新らしく感じた日本の芸術品や芸能が、夫等外国人によって次々に海外に紹介され、今更の様に、日本の文化の古さと高さとに感嘆の聲を惜まざらしめたので有った。

日本の庭園も亦其の中の一つで、健実なる経過を経て海外に進出する様に成った。同時に、「日本庭園」とは一体何で有るか、更にまた、「現代の日本庭園」とはどんな物かと云う問題が、夫等外国の智識人・趣味者等によって提起された。然る所、之に対して明確な解答は未だ与えられていない許りでは無く、当の日本に於てすら、此の問題の解明の為めに、正面から正々堂々とぶつかって行った者は無かった。大抵は、其の場限りの一寸気のきいた事を云ってお茶を濁しただけで、逃げて居ったようで有る。

「日本庭園とは何か」との問いに対しては、日本の庭園と西洋の庭園とを比較して、両者の差異を指摘するのも、具体的な一つの解答方法で有ると思う。然し乍ら、此の方法に據ると、相当広範囲に亘り、且又可なり複雑にも成るのは免れそうにも無い。

そこで、本編に於ては、餘り専門的な事はやめにして、常識的に日本庭園の特徴を記述して見るつもりで有るが、何と云っても、永い歴史の発展に連れて出来上がったものなので、之を簡単に然かも遺漏無く且誰にでも解り易く説明するのは、至難な事に属することを，先づ以て、断って置かねばならない。

◇　　　◇

日本における庭園の発達　日本と西洋と、其の庭園に関して、先づ第一に気の付く最大差異とも云うべきものは、我には彼の「整形庭園」なるもの無く、彼には我が「写意庭園」に匹敵するものを見ない事で有る。

記録に據り追従し得る範囲内に於て、奈良朝以前に、古く朝鮮より伝わった寺院、宮殿建築の様式に順って、朝鮮の庭園様式又は之に近いものが日本に現れた事は推測し得るが、其の具体的内容に至っては、記録が簡単に過ぎて漠然たる推測以上に之を詳にする事は出来ない。支那の建築様式が入って来てからは、支那の庭園様式が行われ、又は夫を加味した庭園が作られた事も推料される。次いで、自然の風景を其の儘或は之を縮少して、庭園と成した時代も有った。仏教の興隆と普及とに伴い、浄土思想に因る極楽境を象徴する庭園も作られたが、日本作庭の一黄金期と云われる室町時代に入って、山水の美の表現と鑑賞とが作庭の主流を成すに至った。そして、以後、是が踏襲されて今日に及んだ。

日本庭園の発達略右の如くで有るので、最も古き時代に於ける日本の主なる庭園は、支那風の移されたもので、少くとも其の地割りは、現代なお大陸に栄える庭園の基盤を成す左右対称の形を採った。浄土庭園も亦、同様の構えを持った。

京都大徳寺方丈庭園（2007年8月）

然るに、自然の風景には、普通、左右又は前後対称の現れは見られない。従って、其の後に発達した庭園即ち、自然風景の縮少再現を旨とする日本の庭園は、左右又は前後対称の形式を採らない方向に進んだ。更にまた、日本人は其の性癖からか嗜好からか、左右対称の形式には、支那や欧州の人々程には魅力を感じない。寧ろ可なり無関心の様で有る。日本人が古来其の勝れた才能を大いに発揮した工芸・装飾の部門に於ても左右対称を成すものは少い。稀に見当るが、夫は大抵大陸に於て造られたものの模写品で有る。古い所では、正倉院御物に此の実例を見る事が出来る。

斯る次第で、日本の庭園も、その創めの頃には大陸風の左右対称の構えを採った事と推度されるにも拘らず、作庭が日本人自身の作意によって行われる様に成って以来、庭園は、左右又は前後対称の方向には発達しなかった。建物と建物との間に挟まれて、幾何学図形的地理を呈する路次・中局に於てさえ、終に左右（又は前後）対称の地割・配置は用いられないで了った。

◇　　◇

写意庭園の理念　「枯山水」を含む写意庭園の数は多くはない。その多からざるものの大部分が禅刹に見られるのは、禅

京都龍安寺方丈庭園（2006年12月）

僧が之に関与する所有るからだと判断して、誤無いと思う。禅家は「不立文字」を掲げ、「以心伝心」を実践する。悟入・涅槃には、管々しき口舌文筆の教説は必要無しとする。反って之を阻害するとさえ考える。そして、「直指人心」を振りかざして真っしぐらに邁進し、一路真髄に徹底する。

茲に、梅花一朶の墨絵が有る。まことに清狐高尚、清香画面より漂い出でて、堂に満つるの感が有る。然る所、眸を凝らして此の絵を再検すると、枝上に在る花輪の数は多くはない。むしろ、疎にして淋しい位で有る。然かも、其の花弁の形は必ずしも円く揃っては居らないで、三角がかったものも混じって居る。更に其の数に至っては、五・六・七弁などを数えて一定しない。と、云った風に、此の絵は実在の梅の花とは可なり違う事に気が付く。夫にも拘らず、絵全体としては立派に梅花の神韻を伝えて余蘊無く、夫等の写生上の不合理性など全然問題にはならない。夫はそもそも何故なのであろうか。即ち、此の絵が梅花なるものの標本画乃至写生画に非らずして、梅花の芸術画なるの故に外ならない。この画家は、梅の外形の忠実なる写生から超脱して、中に籠る「梅の精神」を把握し、その描出に成功したので有る。此の画家は、梅の花を描きつつ梅に没入し、梅に同化して了ったのかも知れない。そして、花弁の形や数などは、末梢的なものとして念頭から消え去って、ひたすら「梅の精神」の描出に努めた結果、梅なるものを表現するには、どうしても欠かす事は出来ないと考えた本質的なもの丈けを捉え、之を絵画の技巧を駆使して画面に具体化したものである。夫故にこそ、此の梅の花の墨絵は、簡潔で力強く、然かも永遠に新鮮で清浄なので有る。

写意庭園の由って来る所、その基盤を成す理念等、未だ之を尽くし得ないが、上述する所によって、ほぼ納得することが出来ると思う。即ち、写意庭園を貫くものは、純粋で有り、素朴で有る。其の結果、外形的には簡素と成り、枯淡と成る。かかるが故に、「侘び」「寂び」を求むる茶人も、写意の庭を悦んだ。生か死か、絶対に妥協の許されざる境地に身を置かねばならない機会を、常に身辺に持つ武家も、写意の庭を味わう事が出来た。「能」の面白さの解る者にも、写意の庭は理解出来た。そしてまた、狂言「月見座頭」の作者も、夫を観て楽しとする者にも、写意の庭には味わい尽きざるものが有ったに相違無い。

◇　◇

写意庭園の鑑賞　写意庭園を鑑賞するには、一応、其の地割・配置より手法・技巧に至る外面的な面を対象とは為すが、其の本領とする所、其の真の面白さは、更に、其所に展陳される夫等有形具象の外殻を突き破って、深く其の心に徹入し、寂然として化するに非んば、之を味得する事は出来ない。時には、聯想の翼を張り、飄々として見えざる無辺の天地に逍遙し、恍惚として音無き自然の妙楽に傾聴する事にも成るで有ろう。

斯《か》くして、写意庭園鑑賞の結果は、実在の具体形象の世界を超越して、悠久無限の天地に遊ぶことに成るので有るから、其の味わひ毎《つね》に新鮮にして、其の趣き汲めども尽きず、飽く事を知らない事に成る。勿論、夫には、純真素朴なる心情と研ぎ澄まされたる感覚と高く広き教養とが、観者に要求される。

写意庭園には階程がある。京都の大徳寺塔頭大仙院書院の庭の様に道具建てが揃って居って、一見誰にでも夫と解る体のものから、同じく大徳寺本坊方丈の庭のように道具建て少く、且又、庭地に余白多く、素養の無い者には「是が庭か」とさえ思わしめるものまで有る。更に、同じく京都の龍安寺の石庭に至っては、之を庭園なりとすれば、何んな風に鑑賞すべきか惑わされる者も少くない事と思う。概して、写意高度にして其の技法の勝れたるもの程、単純枯淡に成る。

写意庭園を「アブストラクト庭園」なりと解する者が少く無い様だが、其の発達の経過、其の内容其の他より観て、現時の所謂「アブストラクト」丈では尽くし難いものが、写意庭園には有る様に考えられる。

写意庭園に対して、「ヴォリウムに乏しく、空間の利用に欠ける所多し」と評する者も有る。斯様な批判こそ、日本的教養貧しく、写意庭園の本質を辨へざる、浅薄皮相の小児論に過ぎない事は、上来縷述する所に由って、自ら明かで有ると思う。

◇　◇

西洋と写意庭園　西洋に在っては、エジプトの流れを汲んでギリシャに発祥し、ローマ之を受けて其の体裁を整えた、幾何学図形的整形庭園に終始し、遙か後代の一八世紀後半に至って、始めて、自然の風景を採り入れた風景庭園なるものが現れた。夫迄は、西洋人の考える庭園とは、建物に従属する局限された場所を、図案模様的に区画装飾したもので有って、自然の風景を盛ったものでは無かった。風景庭園が起り、夫が反動的に持てはやされてからでも、此の考え方が作庭の基盤を成す事には、変わりは無かった。一八九三（明治二六）年に、Conderが日本の庭園を詳細に記録説明して以来、西洋人にして日本庭園を説く者は、殆ど例外無しに、江戸末期の庭園書に載る「真・行・草」の模型庭園図を引いて、日本の代表的典型庭園として居る。そして、日本庭園は"Conventional"なもので有ると認めて居る。我々日本の作庭を究める者の見解を以てすれば、西洋人の日本庭園観は形式的、表面的で有り、幼稚な様にさえ感じられるが、西洋人が、西洋とは様式を異にし、全く目新らしい日本庭園なるものに接して、最初に先づ捕らえたものが此の形式で有って、其の後、是より一歩も出ては居ないと云う事は、彼等に整形庭園の理念が既存するからに外ならないと、筆者は解する。形式的な事は比較的理解し易いが、形而上の事は取り着きにくい。また、取り着き得ても、中々解し難いもので有る。然ればこそ、彼等西洋人には、日本の写意庭園はヴォリウムに乏しく、空間の利用に欠ける所多く"monotonous"で"lonely"で"gloomy"だと云う事に成るのであろう。

◇　◇

支那と写意庭園　日本は支那から仏教を伝えた。「寂滅為楽」を教えられた。また、老子の虚無思想も学んだ。「無為而化」と云う事の有る事も知った。そして、日本人は、是等新来の深奥幽玄なる思想の探求具現に、生一本に精進した。其の影響は深く且広かった。写意庭園も亦、其の一つで有った。然るに、本家の支那に、写意庭園として挙ぐるに足るものの見当たらないのは、何うしたわけなので有ろうか。勿論、一言以て能く之を尽くす事は、何人にも為し得ざる所で有るには相違無かろうが、筆者は其の原因の一部として、次の事どもが指摘出来るのでは無いかと思う。即ち、其の歴史遠古にして複雑、且、所謂「地大物博」の支那に在っては、其所に生き抜き繁栄するには、単純生一本たり得なかった事。そしてまた、支那人の実利性・現実性が其の作庭に反映して、西洋の整形庭園に近いものが普く営まれ、「写意」などと云う様な事は、多く顧みる所無かった事で有る。肉体のはかなさを説き霊魂の不滅を教える仏教は、大方の関心を惹くに値しない。彼等の好み望む所は、肉体の満悦で無ければならない。飽食暖衣で有る。熊掌を盛り大牢を陳する料理をはかるが故に発達し、「宮女花の如く春殿に満つる」後宮は、かかるが故に繁昌した。「抱朴子」以下養生延壽の秘法を伝える書物が、古来大いに尊重された。「神仙伝」ほか不老長生の超人の伝説が、広く持てはやされた。更にまた、生きたまま「彼の白雲に駕して帝京に到り」、不老不死を得る事が信仰された。斯の如き人々は、現実其の物に執着するから「面子」は重んずるが、現実を超脱した、実利とは何の関係も無い「写意」などと云う事は念とはしない。即ち、写意庭園を持たざる所以茲に在りと見て、不可無いで有ろう。(昭和三五年五月草)

日本の庭園(2)――写景庭園

山紫水明の国　日本は山紫水明の国で有る。即ち国土が南北に長いこと、海岸線が変化に富むこと、火山国で山嶽が高秀急峻なること、島国で雨量多く空気湿潤なること、四季の別が比較的はっきりして、其の推移が規則正しきことなどが、互に原因となり結果となって、植物の種類に富み其の繁茂に適し、水豊かにして清冽、急流岩に激し飛泉中天に懸り、雲多くして其の去来繁く、朝霞花を包み、暮靄林を罩む、と云った按配に、名実共に風景山水の国として、「蓬莱の仙島」などと讃えられたもので有る。

◇　◇

写景庭園の発祥　日本人は遠き祖先以来住み着いて居る其の国土の秀麗なるに、決して無関心では無かった。奈良朝の天皇は、「山川之清河内」を選んで其所に別業を営み、しばしば遊宴して四季折々の風物を楽しんだ。世が進み人間が悧巧になるに連れ、夫等明媚なる風光と常住共に在らん事の念願を抱くに至り、遂に夫を実現する事に成功した。写景庭園は、実に其の一つで有った。

飛鳥・奈良の代より引き続いて平安朝初期に及ぶ唐風風靡の代に在って、作庭は平安奠都の後百年を出でずして、早くも、日本人独自の理念に基き、日本国土に実在の風景の縮写再現の途を開いた。夫は、謡曲「融」に其の俤を偲ばしむる左大臣源融の河原院で有った。彼は其所に奥州「塩釜の浦」の景を移し、摂海尼ヶ崎より海水を運ばしめて藻塩焚く煙を楽しんだと伝えられる。次いで、風流人大中臣輔親は、其の営む六条院の庭に天下の名勝「天の橋立」の景を模して、時人の語り草に成ったとの事で有る。

◇　◇

写景庭園の理念　斯《か》く、初めは実在の風景の模写に発した写景庭園も、其の後、自然に対する観察に慣れ、其の再現の技術に熟するに連れ、作庭家は、其の好む風景、其の心頭に去来する山水を、庭園に創作する様に成った。丁度、画家が画面に描く所、必ずしも実在の山水には限らず、画家の以て鑑賞に値すると為す画家胸中の山水であるのと、軌を同じくする。是が、日本に於ける写景庭園の根本理念で有った。但し、後に、小乗仏教的考え方が之に介入して一種の様式を成し、教養低き庭師の輩之を踏襲遵守するの風を馴致し、作庭は少からず歪められた。蓋《けだし》、室町以後、作庭が職業化し、社会的に最下層に置かれた「河原者」が主として之に当たった事も、其の原因の一つで有ると考えられる。更に、降って江戸の中期以後、日本の芸能が各般に亘って固定し、「家元」・「免許」など云うものが出現し、「真・行・草」または「天・地・人」などの形式が尊重される様に成ると、作庭も亦此の風潮より超脱する事が出来ず、「真・行・草」は作庭に於ても、其の基本を成し、その真髄で有るかの如くに、思い込ましめるに至った。しかし、勿論、作庭は斯る型に嵌った固結したものでは無い。作者の個性に立脚した清新にして自由奔放、流動的なもので無ければならない。

◇　◇

西洋と写景庭園　写景庭園の表す風景が、作者の芸術的理念と美的感覚との篩《ふるい》を通った自然風景の縮小再現で有って、自然の風景其のままでは無い事は、写意庭園なるものの存在と共に、日本庭園の大なる特徴として採り挙げられなければならない。

西洋の写景庭園には、丘や杜や、自然其の物を其の儘《まま》採り容れたのが多い。従って、どうしても規模が大きく成る。夫故、斯る庭園に慣れ来った西洋人の目には、日本の写景庭園は如何にも小規模なものに見えるに相違ないが、前記の次第で、彼等の作庭理念の尺度を以てすれば、日本の写景庭園はむしろ写意的なものなりと云う事に成るかも知れない。

西洋の風景画は、前述の日本の山水画に比すれば、忠実なる自然の描写で有った。そして、其の流れを汲む者は、何れも、日本の山水画の非写実性を指摘し、其の不自然さを論難した。しかし、後に写真なるものが発達するに及び、絵画は、いつまでも写実の世界に跼蹐しているわけには行かなく成った。そして、写実より出発して写実を超脱しなければならない事を、覚るに至った。結局、西洋画の理念は此の点に於ては、日本山水画の主張に近寄ったものの如くに見える。

日本の写景庭園も、型に嵌った「真・行・草」を其の儘形式的に墨守するが如きは、狩野派末期の粉本画同様、作庭芸術の本流より脱落したる形骸に過ぎない。

然るにも拘らず、欧米の作庭家の大多数が、日本庭園の特質は、彼等の以て“conventional”なりと為す「真・行・草」体の形骸に在りと思い込んで、夫から一歩も出ないのは、彼等が日本庭園の本質を理解しないからに外ならない。畢竟、東西両文化の相違に起因するもので有って、西洋人が、欧米に在る朱塗り擬いの鳥居や太鼓橋を配した、子供だましの玩具日本庭園の域から超脱して、我等日本人の庭園を理解し得る様に成るには、日本の文芸諸般に亘っての理解と相呼応して進まねばならないので、今後なお相当の歳月を必要とするものと考えられる。

◇　　◇

石の芸術　日本に於て、往昔より庭園を表すに「林泉」・「泉石」などの雅称を以てする事は、樹木・草卉の類は云わずもがな、庭園に石と水とが多く用いられたるを示すものと解して差し支えない。事実、日本の写景庭園より水と石とを取り去って了ったら、その魅力は半減するで有ろう。殊に石の使い方は非常に発達した。初めは、自然の山容水態の縮写再現を念としたので有ったが、其の技術の進歩は、遂に「石組」なる特殊技法を完成し、単なる写景の限界を踏み越えて、「石組」独特の風格と味わいとを具現せしむるに至った。勿論、石組はどこまでも庭園の石組で有って、局部の風景として全園との連繋を失わず、然かも、独立した個性と味わいとを保持するところに、其の高き価値が認められるので有る。之を支那庭園に其の名高き太湖石・石筍等に比するに、夫等が稀岩珍石として置物的役目を演じて居る事は良く解るが、修景上其所に在った方が良いのか、更にまた、無ければならないものか、そして、夫等が周囲と如何に調和し、全園の風景と如何なる有機的関連を持って居るのかと云う事に成ると、我等日本の作庭家には納得の行き兼ねる場合も少くない。太湖石や石筍が、珍奇な形態を呈して、著しく人目を引く丈け、反って周囲との調和がむづかしい。我々は斯《かか》る支那の庭

石の芸術（桂離宮庭苑池汀石組）（2006年12月）

園を観ると、イタリーのバロック庭園と、其の作意に於いて何か相通ずるものの有る様な気がして成らない。

大東亜戦争終結後、日本を占領した戦勝国軍の幹部将校の居宅として徴発された、少からぬ数の日本の高級邸宅のうち或る物は、其所に住む夫等占領軍将校達の要求によって、屋内の木目麗わしい板戸や板張から屋外の庭石に至るまで、ペンキ其の他の塗料を塗る事を余儀なくされたと伝え聞いて、開いた口がふさがらない程驚いたものだが、其の後、彼等の教養は、庭石を我等の云う景石としてでは無く、一個の石塊と観るのではなかろうかと云う事に、気が着いた。此の点、支那庭園に於ける前記太湖石・石筍の使用と、同系の考え方なりと判断される。

日本庭園に於ては、斯る庭石の置物的独立使用は殆ど見当たらない。大抵、之に根締物又は添石の類を配して、周囲との連繋を計るか、夫を中心として纏った小景を作る事に成って居る。「捨石」は多く単用されるが、間《ま》の引き締め、終止符の役目等、必、他の庭石又は庭樹と相関関係に在り、置物的なものでは無い。燈籠は実用を兼ねたもので、是も単独に配置されるが、またしばしば「火障りの木」或いは「燈籠控えの木」などの景樹を添えて、小さい乍らも、庭園風景の一環たるの本質を失わない様にしてある。京都の醍醐寺三宝院庭園の「藤戸石」は、石其の物を対象としたもので、日本の庭園に在っては甚だ珍しき存在で有る。もっとも、此の「藤戸石」は、該庭園に於て、庭石として何等重要な役は勤めては居らない。ただ、該庭園築造に当たって、太閤殿下の御威勢の程を物語る秘話の一端として、語り継がれて来たものに過ぎない。

土木工・建築工に於ける「石積」と、作庭に見る「石組」とは、其の名称を異にするが如く、其の内容も、前者の強度や外観の生彩等を主とするに対し、後者は、自然石を其のまま其の本質を活かして使用し、自然の風致の作出に努め、物理的には生命無き自然の岩石を以て、芸術的生命を創造する事を旨とするもので有る。前者を用器画にたとえれば、後者は自在画に比すべく、是こそ真個「石の芸術」と云う可きで有る。

故に、庭園に於て石組を鑑賞するには、まず庭園風景の一構成として之を歓る事言を俟たないが、石組各石個々の大小・形状・色沢・石面の皺襞・蘚苔着生の状等の外貌より、夫等各石の配置・組み方即ち、高低・前後・左右・間隔・主従・据り・釣合い等に及んで吟味し、其所に現れた線の繁簡・剛柔を検し、更に石組全体の示す静・動の「勢（いきほい）」や「含（ふくみ）」を察しなければならない。従って、その興味は水墨山水画に勝るとも劣らず、寔に津々として尽きるところを知らない。

◇　◇

月の庭園　桂離宮庭苑の池に臨んだ築山の上に、瀟洒たる亭「月波桜」が在る。縁に近く端坐すれば、脚下の庭池・対

観月台（桂離宮古書院竹縁）（2006年12月）

岸の風光、百川の海に注ぐが如く亭中に集まり来たって我が双眸に収まり、少時にして自分が此の風景の中に在るかの如く感ぜられて、屋内に坐するを忘れしめる。此の周囲の自然風景に同化し、夫と一体と成る亭に在って、月を賞するのは如何許り心憎きわざで有るか、偲ばれてならない。更に、古書院には其の東側、池に向ってひときわ突き出て濡縁のさまに「竹縁」が設けられ、特に観月に適した場所とされて有る。修学院離宮「上の御庭」の「隣雲亭」も亦、月夜の風情を充分に考慮に入れて、其の位置が選定されたものと思う。廻遊式庭園が、大抵大なる庭池を穿ち、繞らすに園路を以てするのは、広大なる空間を確保して、月の眺めを恣にせんとの配慮が、其の設計主旨の中に含まれるが故なりと解して差し支え無かろう。

寛弘（一〇〇四～一一年）の昔、一代の風流人大中臣輔親が、月を眺むる為め、其の寝殿の南簷を取り除いたと伝えられるが、日本人は老いも若きも縁に出でて、或いは坐し或いは横たはって、四季折々の月を仰ぐのを風流と心得た。日本人の月に対する鋭く且深い感覚・感情の育成には、支那の文学・美術や仏教が与って力有ったことは否定出来ないが、日本の風土に生れた特殊風物たる雲・霞・雨・鳴く虫などの伴

池中の燈籠（旧芝離宮庭園）（2007年8月）

奏を月に配して、其の鑑賞を複雑多彩ならしめた事は、月に対する、そしてまた自然に対する、日本人の感覚の鋭さと感情の豊かさとを物語るものと思う。和歌・俳句は云わずもがな、広く文学・絵画・工芸に亘って、月に因む傑作・逸品の数夥しくして、文字通り枚挙に暇無い。そして、遂に、此の月への親愛の情は、光を失って物の姿を見ることの出来なく成った盲人にも、月を楽しましむる所にまで発展した。即ち、狂言「月見座頭」が夫で有る。狂言二百番、流血を伴う作は一番も無い事も特筆に値するが、盲人の月見とは、日本人ならでは考え及ばない、正に是れ世界無類の創作なりと云っても、決して過言とは成らないで有ろう。

斯《か》くして、日本人は、彼等に親しき月を、其の最も手近な、そして、最も愛好する庭園の中に採り込んで、之を楽しみ味わう事を考え、そして、是が実現に成功したので有る。然かも、甚だ巧妙に且独創的に。

西洋人も月に感興を催す事は我々と変りは無い様だが、其の感興の方向と内容とは、我々と可なり違う様に思われる。月の夜、森の中で侏儒共が燕会舞躍すると云う動的な童話は、西洋人の月に対する感興を代表する様に思われる。また、有名なベートーヴェンの「月光の曲」の弾奏を聴いても、夫が月と何んな関連を持つのか、我々にはどうもピッタリしない。

兎も有れ、日本人と西洋人と、月に対する感情の相違は作庭の上にも反映し、日本庭園の風景には月の観賞を充分に採り入れて有るが、西洋の庭園には斯る構想は認められない。支那の庭園は此の点に関しては、日本と西洋との中間に在るものの如くに考えられる。

夜の庭園　北京郊外の万寿山頤和園には、昆明池に臨む堅固な厚い白堊墻壁を穿って凹みを作り、之に蝋燭を立てる様にして有る。また、「桃下夜宴図」と題して、建物に囲繞された中局の桃の老樹を背にして燭を立て美女を侍らして、大人等が酒宴を催して居る、華豪な大幅などの有る所から見て、支那に於ては、或る程度夜間にも庭園を利用する事は、行われた様で有る。

西洋に在っては、庭園の鑑賞・利用は殆ど昼間に限られるものの如く、庭園の芝生の上で園遊会が開かれ、ダンスパーティの催されることは常に見る所で有るが、夜間の宴会は総てシャンデリア輝く室内で行われ、庭園に出でて興ずる事は絶えて聞かない。月明の庭園をさえ鑑賞しないのだから、暗い夜の庭園を楽しむ事は、一層有り得ないわけなので有ろう。夫故、現代の公園は別として、庭園には夜間の鑑賞・利用を主意とする、是と云う照明の設備は無い。

庭園の夜間の利用・鑑賞に慣れて居る事は、日本人の特徴と云うべきものかも知れない。庭園の観月は前節に記述したが、暗い庭園にも蛍が飛び虫が鳴く。また、簷を伝う雨垂れの音も懐かしい。更に之を補うに、燈籠の火影を以てする。

◇　◇

蛍は季節の景物として、日本の夏の夜には欠く事が出来ない。桂離宮庭苑の最も奥まった所に、「蛍谷」の勝がある。庭池が湾曲して入江を成し、鬱蒼たる樹林之をおおい、まことに幽邃なる地域で、如何にも蛍の発生と棲息とに適する様に見受けられる。また、「水

蘚苔《こけ》の庭園
(桂離宮古書院御輿寄前中局)

蛍」と呼ばれる燈籠が「賞花亭」の下に在る。庭池を隔てて対岸の古書院側より之を望む視角によって、水に映る其の火影を、岸辺にすだく蛍に擬えるのだと、案内者は説明する。

夏の半より秋の末に亘って、昼も夜の虫は到る所で鳴き続けるが、虫を聴くのは夜とされて居る。猫額掌大の地でも、苟《いやしく》も草生え樹育つ所には虫は鳴く。庭園は、企まずして彼等の楽園と成り、招かずして彼等の住家と成る。縁に在って之を聴いても良く、出でて露を踏んで「行水の棄て所」を選ぶのも、一興で有ろう。

燈籠は飛石と列んで、茶事と共に普及発達した実用修景兼用の作庭材料で、其の主たる用途は夜の庭園に有る。桂離宮庭苑は面積約一万三五〇〇坪、苑路の延長略一五六〇米と云われるが、ここに燈籠二四基を配し、飛石一七一六枚を打ち、以て天下の名園たるの実を示して居る。燈籠の中、「園林堂」前の一対二基を除く二二基は、何れも庭苑の適所に置かれ、織部型を初めとして各種に及び、桃山末期以降の庭燈籠の粋を網羅するの感が有る。飛石も亦、歩に従って意匠を新にし、技巧の精を凝して有る。東京の旧芝離宮庭園の庭池の中、旧屋形跡に面する位置に、一基の燈籠が立てて有る。この庭池は「潮入」と成って居るので、満潮時には水面が上昇して燈籠の火袋の下底に達し、是より上の部分は水に浮いた様に見える。水に流れる火影が微風の織り出す漣《さざ》波の文に乗って、時ならぬ花を水面に咲かすと云う趣向で有る。

夜の帷は、庭園を奥深く感ぜしむ。雨が加われば、一層夫を幽邃ならしむる。俳聖翁は芭蕉の葉を敲《たた》く雨の音を好んで、之を雅号に採ったと伝えられるが、見えざる雨を音に聞くのも、夜の庭園の面白さの一つと云う事が出来るであろう。

欧州の少くともフランス以北と北米の合衆国以北の地には、蛍も鳴く虫も居らない様である。北支那以北の地にも同様と認められる。欧米には「蛍」と云う通用の名詞（学名に対し）は無く、一般市民の人々は蛍を知らない。我等が懐かしの歌曲「蛍の光」は、明治の初期にスコットランドの民謡“Auld Lang Syne”の歌譜に日本の歌詞を当てて「学校唱歌」としたもので、毎年卒業式に唱う事に成って居った。原歌の歌詞は詩人バーンズ（Robert Burns）の作、離別の際の歌曲とされて居り、蛍とは何の係わりも無い。

始めて経験した鳴く虫への感激を、ラフカディオハーン（小泉八雲）は其の流麗な筆に書き綴り、更に、斯《かか》る珍らしき虫どもを愛好する日本人の風流心を広く世界に紹介して、各国の読書子に深い感銘を与えた。

斯る次第で、西洋や支那の人々が、是等の景物を以て庭園の楽しみを賑わす事の出来なかったのは、寔に止むを得ない事で有る。

夜の庭園は茶事に多く利用されたが、広く鑑賞の立場より之を観るに、物の姿の判然たらざる夜間に庭園を楽しむと云う事は、日本人が自然の環境と其所に起る様々の現象とに鋭敏な感覚と深厚なる愛情とを持ち、良く夫等を自己の物神両面に利用して、其の生活を潤沢ならしむる特性を具えるに起因するは、言を俟たない。之を彼等は「花鳥風月の風流心」と表現した。更にまた、夜の庭園の鑑賞は、彼等の文芸が古くより尊重し来った「幽玄」の影を追求するようすがとも成った事で有ろう。

蘚苔・滝・燈籠等

◇　◇

蘚苔《こけ》は、風土の許す限り日本全土到る所の庭園に見る、日本庭園特有の下草で有る。日本人は大いに之を尊重し、「こけ」を以て名園たる資格の一要素と成す人も少く無い。風土の関係上、京都の庭園に多く秀麗なる「こけ」風景を見るが、中に就き「こけ寺」の異名を持つ「西芳寺」の庭園は、「こけ」の美しさで世に知られて居る。今より六百余年前、名僧疎石（夢想）の作と伝えられる此の庭園が、現在当時の風格気品を何れ丈け保存して居るかは姑く措き、蘚苔類の培養場としては、充分に其の価値が認められる。此の外、桂離宮・修学院離宮・醍醐寺三宝院の諸庭等、一々茲《ここ》に挙示する煩に堪えない。

滝は林泉庭園の展開する風景の要めを成すもので有る。本篇劈頭に叙した如く、日本には滝の数甚だ多く、其の種類も豊富なので、之を範とした庭園の滝も亦多種多様となり、これを築造する技術も大いに発達したが、遂に典型化する様にさえ成った。

燈籠・飛石も、日本庭園にのみ見られるもので、其の種類多く、是が製作の技術、之を庭園に配置する意匠・手法等、独特の発達を遂げた事は、衆知の通りで有る。

西洋にも支那にも、日本に於けるが如く、蘚苔を風景の一部とした庭園は無いと断言して憚《はばか》り無いと思う。燈籠・飛石も無い。滝は有るが、其の規模の大小を別とすれば、見るべきものは先づ無いと云って、差し支え無いで有ろう。若し有るとしても、極めて稀なのでは無いかと思われる。

其の代り、日本庭園には全然見られないものに、噴水がある。西洋諸国には、噴水は非常に普及して居り、其の規模の大なるものが少くない。ヴェルサイユ宮苑の大噴水も其の一つで、世界的に知られて居る。（昭和三五年七月草）

日本の庭園（3）――余白庭園

余白庭園とは　京都の大徳寺方丈の庭・南禅寺方丈の庭（通称「虎の子渡しの庭」）・同塔頭金地院「鶴亀の庭」・修学院離宮「下の御庭寿月観」前庭等、庭樹・庭石其の他の修景・装飾材料を置かず、空白と成した部分即ち余白を広く持つ庭園を、「餘白庭園」と称する。

中・小の庭園に在っては、其の庭園全体が即ち余白庭園と成るが、大庭園は必しも然らず、之を構成する幾つかの部分の中の或る物が、余白庭園の形を採る事も有る。然らば、空白部が何れ程の広さを持てば余白庭園と成るかと云うと、大よそ庭園面積の半分以上が連続した空白と成って居れば、其の外形上、一応之を余白庭園と云う事が出来るわけなのだが、余白庭園の余白たる空白部は、各種材料を配置した「実」の部と、常に或る釣合いを保つ相対的空白部で有って、単なる

南禅寺金地院「鶴亀の庭」（2006年12月）

空地では無いので、空白部が多いからとて、直に之を余白庭園なりと成すわけには行かない。余白庭園はもっと内容的なものなので有る。従って、厳密な意味では、余白の面積は同じでも、甲庭園の余白は甲庭園にのみ存在の意義が有り、乙庭園の余白と同一に取り扱う事は出来ない。余白庭園を論説するに当り、先づ以て此の事をしっかり握んで置かないと、論旨を進めるわけには行かない。

更に実際問題として、余白の効果は、庭内諸材料の配置の状況、夫を構成する個々材料の大小・高低・形状等と、空白部の広さ・形状、夫等に臨む建物等との相互関係、即ち作庭の意匠・手法に因って変わって来る事も、空白部の面積なる外貌的要素のみを以て、単純に余白庭園たるの資格を決定するわけには行かない重要なる理由の一つで有る。極端なる場合として、空白部は如何に広くとも、夫は単なる空地に過ぎず、斯《かか》る庭園を余白庭園とは云えない様な事も有る。

大徳寺方丈庭園は、写意庭園で有ると同時に余白庭園でも有るが、同様に写景庭園にも、余白庭園と看做し得るものが少くない。殊に、庭池の大なるものは、しばしば其の庭園に対して一種の余白の役を勤める。京都の天竜寺・鹿苑寺金閣・修学院離宮上の御庭・東京の小石川後楽園・六義園・旧芝離宮・旧浜離宮の諸庭は、各程度の差こそ有れ、一応右の実例として、挙ぐるに足るものと思う。

◇　◇

余白庭園の理念　写意庭園の拠って立つ基盤には、多分に禅的な考え方が盛られて居る事は、先に記述した所の如くで有る（庭の落葉其の六　日本庭園　1写意庭園）が、余白庭園も亦、遠く其の理念発生の源流に溯れば、禅との関係を認め得る。然る所、余白庭園は、更に、古来日本に発達した文芸と全面的に関連を持ち、其の特質を端的に反映したのもで有ると云う事が出来る。

日本画は余白の絵画である。其の最も得意とする「花鳥」画を見ても、大抵は主題たる花鳥だけを描いて、其の立つ大地も戴く天空も、時には背景までも省略して、画面の大部分を空白にして置く。山水画ならば、近景と遠景の連山などとを描き、中間は雲霞を棚引かせたりして、見えない様にして有る。勿論、空や水は描かないで空白に保ち、之を「山水画」と称して何人も怪まない。また、日本にのみ発達したものと云わるる絵巻物などの「吹技屋台」描法に於ても、事件進展の主要部以外は、多くの場合、霞を用いて視界から覆い隠してしまう。此の事は、静物ならば、其の置いて有る卓や周囲の壁や窓掛や、共に在るものを皆描出して、画面全体を塗りつぶし、風景ならば、天も地も遠景も近景も、目に入る物を悉《ことごと》く描写する西洋画とは、顕著な違いで有る。

日本画の考え方では、例えば鳩を描かんとするや、其の辺の個々の鳩を写生するのでは無く、鳩に普遍なるもの、即ち、画家の捉えた鳩の本質の表現を目途とする。故に、描かれたる鳩は、理念の鳩で有り、其の姿は悠久の姿で有る。其の画面上の構成は、無窮の空間に対する選択されたる占拠で有る。そして、此の悠久なる理念の鳩の、表現上の純粋性を混濁せしめざらんが為め、画家は、其の把握した鳩の本質の描出に、必要欠くべからずと思惟するもの以外は、悉く之を省略して、余白の中に溶け込ませて了う。其の結果、広い余白の中に在る此の鳩は、絵画としての表現の厳しき極限に置かれて有るので有る。従って、鳩を取り囲む空間たる余白も亦、寸毫の弛緩をも許されないわけなので有る。

◇　◇

余白庭園の鑑賞　余白庭園鑑賞の一例を大徳寺方丈庭園に採れば、方丈南側の二〇〇坪余りと見ゆる長方形の庭園には、一面に「白川砂」を敷き詰め、唐門を挟んで、土塀沿いに東西に長く約五〇個の中・小庭石を置き、所々、刈込常緑丸物を之に添え、其の東南隅に土を盛って仮山を設け、是が西北側面に長大なる立石二個を左右に並置屹立せしめて、飛泉直下の状を象《かたど》り、之を受ける広き白砂敷きの部分を、湖沼に擬えて有る。

方丈の南縁に坐して此の景に臨めば、飛瀑天外より落ち来って雲霧四辺を靄め湖水漫々漂渺、思を悠久の彼方に致さしめる。

庭園の主景は、前記瀑布と湖沼とに在るが、其の特徴は、先づ第一に、構成材料（仮山滝頭一叢の常緑刈込物、二個の長大なる立石・白砂敷き余白）と構築手法と、両者共に簡明直截、一切の贅物を許さず、遉に禅家の庭園たるを頷かしむる所に在る。即ち、作庭が純粋無雑なる事で有る。第二は、水景を表し乍がら、実在の水は一滴だに用いて無い事に在る。水の無いのは、勿論、涸れて無く成ったのでは無い。其の作庭構想に於て、最初より実在の水を超越して、理念の水に其の永遠の相を求めたので有る。即ち、本庭園は「枯山水」で有って、断じて、「涸山水」など云う時所的実在の形相

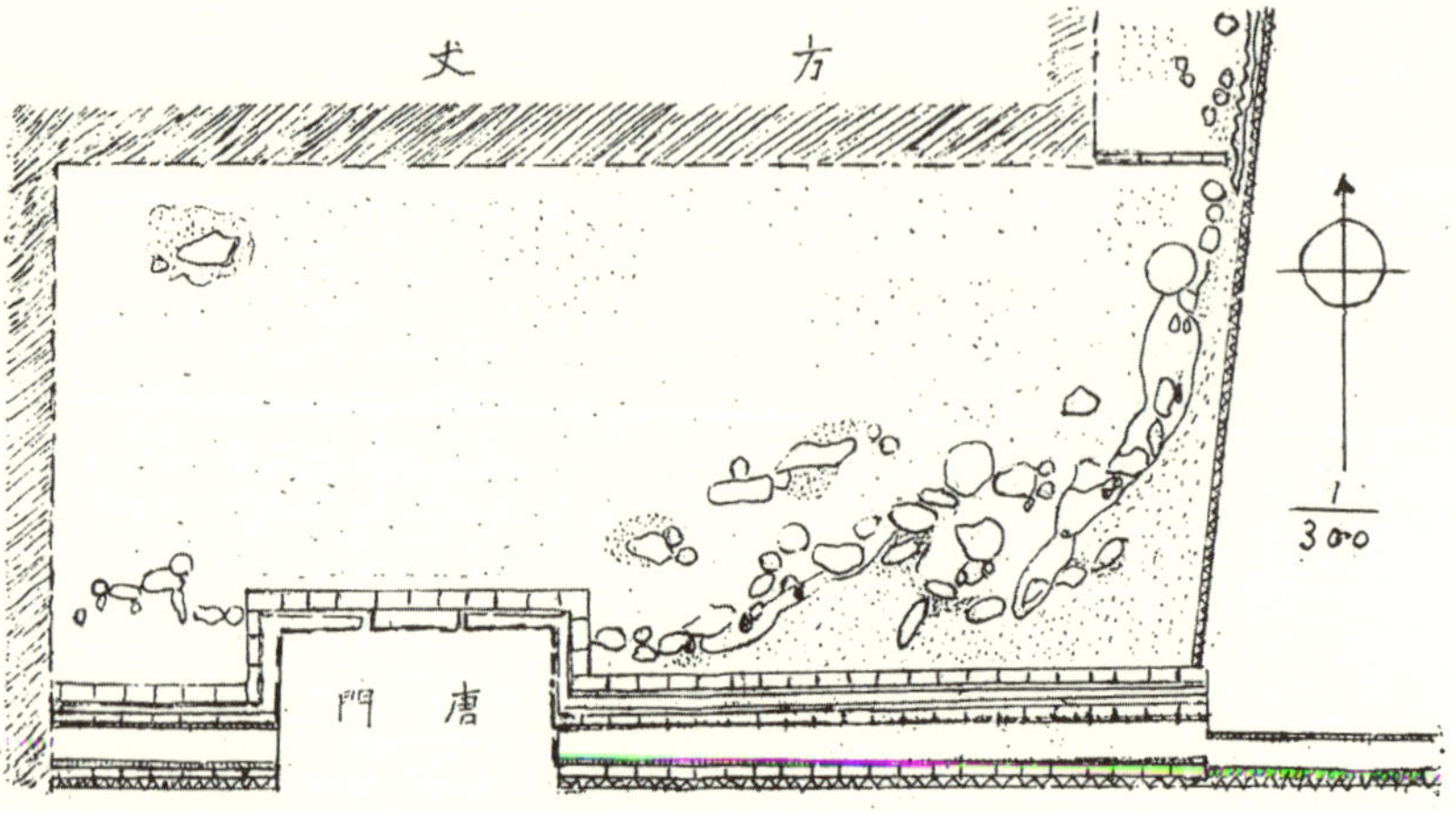

大徳寺方丈庭園平面図（1923年）

では無い事を、特に、茲に記録して置く必要が有る。第三に、充分なる余白が指摘される。此の庭園に在って、余白は夫自身湖沼の役を勤めて居るが、同時にまた、主景の瀑布と之を受くる湖沼との表現を純粋に且明確に保たんが為め、瀑布並びに湖沼の本質美の表現に、必要無しとして省略された一切を、其の空白の中に吸収し消化する役割をも果たして居る。是等理念の瀑布と湖沼とは、或る特定の時所に於ける個々単一の瀑布・湖沼の写実再現では無く、夫等各時所に在る多数の個体の観察・研究の結果、洞察し把握し得た夫等に共通普遍なる本質美の抽出表現、即ち個の相を假りた理念の美の表現なので有る。従って、斯《か》る現実を超越した瀑布や湖沼には、現実の水は勿論、岩も樹も草も蘚苔も、必ずしも無くてはならないものではない。写実はしばしば理念の清澄を混濁せしめ、清純を汚染する。仍って、夫等一切の夾雑物を切り捨てて精髄其の物を具体表現したのが、茲に見る瀑布と成り、湖沼と成り、そして、広々とした余白と成ったので有る。余白は、一切の形象を包容し内蔵する。あらゆる形象は、余白から生まれて来る。更に、余白は空白として、無窮の空間に連続する。従って、余白は、空白の形に於ける久遠の相で有ると、云う事が出来る。

京都に在る余白庭園の余白には、概ね、花崗岩の崩壊物たる「白川砂」が敷いて有る。苟も余白の何たるかを解する者は、之を見て、容易に、余白としての印象・効果を一層強化せんとの意図の下に行われたもので有る事を知るが、庭園の空白部に雑草の発生蔓延するのを防ぐ手段として白砂を敷き詰めるのだなどと、余白とは何の係わりも無い第二義的な説を為す者も有ると聞く。余白を都市計画の「緑地」などの"Open Space"と同じような単なる空地と見た、庭園の芸術性や余白の芸術的意義に目を閉じた解釈と言云うべきで有る。

◇　◇

余白庭園の由って来る所　紀貫之は、其の選する所の「古今和歌集」の序に於て、和歌は淵源古くして遠く、素盞嗚尊の「八雲立つ」の吟詠に溯り、「人の心を種《たね》とし」て発するもので有ると述べ、更に力をも入れずして天地を動かし、目に見えぬ鬼神をも哀れと思わせ、男女の中を和らげ、猛き武夫の心をも慰むる……と、和歌に対する彼の絶大なる信念を披瀝した。人麻呂と並び称せらるる貫之が、斯程までに打ち込んだ和歌。其の和歌の「種」と成るべき心の感動は、花・鳥・霞・霧に因って引き起こさるる事を指摘して、「花を愛で、鳥を羨み、霞を憐び、露を悲ぶ」と彼は叙して居る。

修学院離宮

春の旦の霞・秋の夕の霧・山に懸かる雲は、日本の風土の特徴で有る。古より心有る人々は、皆之に意を留め、情を催した。次いで、是等霞や霧や雲に覆い閉ざされた見えざる彼方に、思いを走らせる様に成った。やがて、含蓄や余韻の妙味を知った。更に歩を進めて、「幽玄」を追求する心を生ずるに至った。

「徒然草下巻」の開巻劈頭、彼の「花は盛に、月は隅無きをのみ見るものかは、……」の名句が目に入る。著者兼好は南北に分れての皇室の争い・世の乱れを目のあたりに見、更に自分を愛重してくれた法皇、親王の相次ぐ死に遇い、心痛み、出家遁世した多感なる一種の詩人で有って、哲人では無いから、時に随って書きしるした彼の感想には一貫した思想体系は見られず、年代により、其の云うところ前後反って矛盾する様な事すら有るが、玆に抄出した彼の考えは、次いで来る「すべて月花をば、然のみ目に見るものかは。……」の句と相俟って、「幽玄」を以て美の至れるものと成し、不完全なる相に完全を想う、次の時代の考え方を導き出す先駆と成るものなりと、観る事が出来ると思う。

室町の代、僧正徹は、其の歌論の一節に幽玄を論じて、

幽玄と云ふ物は、心有てことはにいはれぬもの也。月に薄雲のおほひたるや、山の紅葉に秋の霧のかかれる風情を幽玄の姿とする也。これはいづこが幽玄ぞといふにも、いづこともいひがたき也。」

と、説いて居る。そして、此の「心有りてことはにいはれぬもの」の表現を、当時の人々は、芸術美の最高峰の一つとして仰ぎ見た。

同じく室町の代に、観阿弥・相阿弥両人によって大成された能楽にも、「幽玄」の表現を主題とする曲目・演技が有る。能楽は、後に、豊臣秀吉以下諸武将の好みに投じて其の保護を受けたが、江戸幕府治下に在っては武家の式楽とされて、

修学院離宮下の庭「寿月観」前庭（2006年12月）

日本全土に普及した。

斯くして、含蓄・余韻・幽玄など、覆い隠されて表面に表われざる形象・「静（せい）」にして深く湛うる物に対する理解と感興とは、広く日本人に通ずる趣味とも教養とも成り、幾世代の洗練を経て現代に至った。

日本風土に顕著な霞・霧・雲を好んで題材とした和歌が、後に「幽玄体」なる一種の詠風を導き出して、独特の芸術の世界を開いた事は前陳の通りで有るが、同時にまた、日本人が其の日常生活に於ける感動を、率直に表現する為めに採った最古の形式たる此の短歌なる物は、無数の言葉の中より三十一音と成る様言葉を選び出して、五・七調に配列した詩で有る。散文では数十言或いは数百言を以てする所を、時には遙かに夫以上の内容を、三十一音（文字）に濃縮することは、正に、余白の絵画と同じ谷川を流るるものと考えられる。

和歌よりも遙かに、後世に、芭蕉の改革完成した、更に一層近代的にして洗練された俳句や、欠けたるものの姿に完成円満を思い、不純蕪雑を却けて「侘び」・「寂び」に活きる、利久の唱導実践した茶道も亦、其の主旨に於ては、前述の諸芸術と仰ぐ高嶺の月を一にするものと云う事が出来るで有ろう。

天竜寺庭園曹源池（2006年12月）

上来縷述する所の如く、多湿な日本の大気の織り出す文の千変万化の妙は、日本人に特殊な感覚と感情とそして理念とを養はしめ、遂に其の培い育んだ芸術に独特の境を拓かしめた。夫は、幽かなるもの・見えざるものを通じての悠久無限への融化で有り、個の姿を假りた永遠無窮への飛躍で有る。余白の芸術は其の中に育まれた。我が余白の庭園も斯る環境の裡に生れ、そして、成長したので有る。

◇　◇

外国と余白庭園　支那の絵画、殊に宗代のものには、余白を充分に活かした秀作も少なく無かった様で有る。中にも、牧渓の筆に成るものなどは、我等にも親しく、室町以後の画家の中には、就いて以て範と成した者も有った。然る所、近代に至っては、王石谷・渾南田等巨匠の傑作と称せらるる絵画にも余白の見べきものは見当たらない様で有る。陶磁器として世界的に著名な萬歴・嘉靖の赤絵ものの如きも、精巧絢爛目を奪いはするが、我等の観る所では、しっとりと落ち着いた滋味に欠けて居る。是が、近代支那の風潮で有り、好尚なので有る（「庭の落葉」其の六　日本庭園1　写意庭園参照）。

一般の西洋人が余白の芸術に理解なく、興味を持たない事は、本篇初頭の日本画と西洋画との比較論によって、容易に首肯出来る事と思う。彼等の芸術は写実に立脚してヴォリウムを打ち建てた。彼等はヴァティカン宮の天井絵を生み、サン　ピエトロ寺院の大伽藍を建立した。彼等を包む大気には霞も引かず、霧も立たない。空は青く澄んで、一片の雲も無い。総てが鮮明に見透せる。彼等には、見えないものは即ち「無（む）」なのだ。だから、彼等の芸術は、「神韻漂渺」には関心も興味も持たない。彼等の文化は、「神韻漂渺」や「幽玄」に当て嵌る様な言葉を必要としない。

筆者は、支那でも欧・米でも、我が余白庭園に匹敵する庭園を見た事が無い。そしてまた、其の存在を聞いた事も無い。（昭和三五年九月草）

（本稿の初出は『新都市』（都市計画協会）第十四巻第八〜一〇号、一九六〇年である。なお本稿は御遺族の了承を得ている。）

Ⅱ

既往の学説を尋ねて

(1) はじめに

いよいよ「景観学」構築のために登山を開始する。

それにはまず、如何なる方法で、如何なる方向で、如何なる装備を整えて、如何なる心がけをもって、出発すべきなのか、確認しておかなければならない。

現在の日本の景観は、見るべき物や場所、見るべき基本姿勢（思想）の手本等が、ないわけではないが少ない。例えば木曽路の妻篭の宿では「売るな、貸すな、壊すな」との卓越した提言が示されていると云う。また、長野県の小布施町では、「家の中の景観は自分のもの、家の外の景観は皆のもの」とした貴重な思想も存在している（宮本忠長提唱）。しかし、こうした奇特な事例は少ない。

そこにはいくつかの原因が考えられるが、第一に考えられることは、思想が不備だからである。それは余りにも厳しい戦争の痛手のために、貴重な精神（魂）が喪失してしまったからで、だから考えるべき思想がいまだ未成熟にて、その余裕が（一時的にしろ）喪失してしまっていたかに見えるのである。それは結果的に経済優先の世界が広がり、いつの間にか浸透し出来上がってしまっていて、開発と思想が同時並行で進むべきものが、バランスが崩れてしまったからである。だからこそ出発の前にできるだけ、完全装備を整え用意して、できるだけ万全を期する必要がある。

さて、まず、眼前に広がる混沌する景観（青木ヶ原の樹海）からの脱出を図らねばならない。それには、既存の研究の中から、本課題に必要にして、応用できうる根本原理を探し出さなければならない。それを土台として活用させていただき、「景観学」構築の夢に向かってアタックすることにする。

そこで、日本の混沌とする景観の実状を鑑みて考えられる具体的な準備を更に進めてみると、この迷路からの脱出方法としては、「実存・空間・建築」が考えられる。青木ヶ原樹海からの脱出を図るべくノルベルグ・シュルツのこの理論である。すなわち、青木ヶ原は磁石（羅針盤）はきかないとして、だから基点となるべき地点から、方向（思想や哲学）と時間（経過時間）とを確かめながら進まなければならない。これに適した理論が述べられているように思われる。（方向は例えば3・4・5の三辺の比では直角方向となる）。

また、食糧には、和辻哲郎の「風土」論を各地点でのエネルギーの補給源（食糧）に用い、遭難しないための道標には、与えられた環境の中、景観資源環境を、黒川紀章の「共生の思想」でその対応を処し確認しながら進む。そして登山独特のリズミカルな歩調には、武者利光の「1／fゆらぎ論」をもって対応し進む。そしてまた、登坂中のトラブルの対応には、向殿政男の「ファジィ論」をもって用い、ゆずりあい、思いやりや、また、特に大事なことは、登山中における人間と自然との接し方で、天候の良し悪しによって、時には登頂か下山の判断をくだす必要もありえて、それらはファジィの呼吸の中に成否の真の鍵が潜んでいるのである。

なお、景観学を構築するためには、以下に記載する他にも幾つかの基礎となり、参考になる理論が垣間見られる。

①「景観哲学」なる新分野を開拓した角田幸彦著「景観哲学を目指して」があり、景観に関する定義と哲学的視点でのコメントがある。

②レベルの高い「風景学」を構築した内田芳明は、現代の景観学の展開を予測していた観がする。

③景観学と類似の学説として、〝The right place, the right thing〟なる説もあるという。これらの研究の比較対照も進める必要を感じている。

すなわち〝適材適所〟とか〝落つくべき所に落ついた〟とか世の中にはこうした類似の言葉なり表現が数多く存在している。

ましてや世界の中には、後段で展開するところの本説と類似の学説が存在していてもおかしくない（がまだ発見してない）。

④長野県の小布施町に展開したところの、宮本忠長の景観論は、これからの日本の景観問題を紐とく鍵が秘められている観がする。すなわち〝家の中の景観は自分のもの、家の外の景観は皆のもの〟とした論理である。

その他にも、参考、貴重な提言が幾つかあろうが、それらを、活用、引用して、後々の景観問題に活かしていく試みが必要である。

(2)　N・シュルツ／加藤邦男訳「実存・空間・建築」(6)

【編者コメント】
青木ヶ原樹海からの脱出方法

ある人は言う。本書は「景観学」のバイブルだと。そしてそれを、手元に一〇年間置いて垣間みながら読んできた。時折、一部をつまみ食い的に読んでみた。が、一向に歯がたたないで今日に至っている。

しかし、そう何時までも読破できる日を待つわけにはいかないので闇雲ではあるが、とにかく一行、一句でもよいからと開き直って、その趣意を汲み取るべく挑戦してみた。それは著者の本分を逸脱するかもしれないが、とにかく、一般人へ、こうした奥の深い景観思想の著書の存在だけでも知ってほしいと願いを込めて、ここに抜粋してみることにした。確かにこうして綴ってみると、多分野の思想乃至哲学が随所に織り込まれていて、他に類をみないものを感じる。著者には悪いが、入口のさわり位はなんとかしたいと願って始めてみたのだが……。

それは景観関係分野の背景を、質と量と深さにおいて誇り、新たにして質的な、動的な切り込みを入れた世界を感ぜざるをえない。それは景観のもつ質的な深い森の存在を明らかにしたものである。やはり、この森の向こうに、景観に関する桃源郷が存在するのであろう。

また、本書を繙いてみて驚いたことは、数多くの著者の登場に

(6)「実存・空間・建築」ノルベルグ・シュルツ著（加藤邦男訳）、鹿島出版会、1973

よる、論理の集合体であり、それらを、シュルツ氏によって一筋に織りあげた著であることを知った。（「　」内は訳書からの引用である。）

本著書の論理は難解である。冒頭からである。まず、空間の概念として「巣をはる蜘蛛のように、すべての主体は、己れ自身との対象がもつある特性との間に、網のような関係を織りだす。するとたくさんの紬糸が織り込まれ、ついには主体の、ほかならぬ存在そのものの基礎をかたちづくる」（ヤーコプ・フォン・ユクスキュル）とある。勝手に解釈すると、蜘蛛は空間を巧みに自由自在に利用し、空間に密着して生活している。となるか。

また、人間がなぜ、空間に、興味をもつのだろうか。それは人間が実存している空間環境に生きているからである。とした感じを得た。

また、ハイデガーは人間を「世界―内―存在」と説いている。それにたいして、ノルウェーの建築哲学者ノルベルグ・シュルツは「景観―内―存在」としている。これを人間の基本的構造とした。すなわち、ハイデガーは過去、現在、未来等の時間を中心にして考え、とらえてみているようだ。これに対してシュルツは空間概念を考え、人間は家なくしては住めない動物である。

また彼が、身の廻りの、海や山、川や森、匂いや色、村や町を、どう捉え、また如何に思惟したのか、知りたいところである。また、荒廃していく景観の中で、こうした優れた書籍が読みやすく、かつ身近に感ずるような存在になってほしい。

我々の日常生活の中にこうした思想が浸透してこないと、一般市民等は噛み砕き、身近にある現象が身についてこない。今はこうした視点が非常に大切で、さもないと、なかなか日本の景観は良くならないものと思われる。

実存的空間

「実存的空間とは、比較的安定した知覚的シェマの体系、つまり、環境のイメージである。」と定義している。「実存的空間は、たくさんの現象の類似性から抽象されて取り出された一つの一般化であって、また時間の経過とともに繰り広げられる因果系列（関係）の中での一体系（一コマ）である」としている。

「ピアジェは、空間の本性は、空間の構成、つまり諸感覚を結合する知能にあるのであって、感覚そのものがもつ特性の拡がりの多少に存するのではないのである」としている。「それゆえに、空間とは有機体と環境との相互作用の産物であり、この相互作用においては、知覚される宇宙の組織化と、活動そのものの組織化とを分離することは不可能である」としている。

シュルツの景観論

「景観的段階（Level landscape）とは、実存的空間の輪郭（概要）が、図（姿）としてそこから現れてくる地（場）の段階であるのが普通である。しかし、不思議なことに、人間の景観内存在（景観誕生の秘密）は、いまだほとんど研究されていない。われわれが知る限りでは、ルドルフ・シュワルツの著書「大地の耕作＝建設について」にみられるのが、論理的試みとしてまとまりのある唯一のものである。景観的段階（形成）のシェマが、人間の行為と地形、植生、気候などとの相互作用を通して形成されることは明らかである。」とした。

「実存的空間の発達（論理の展開）は、個人が行う定位（方向性）の成分として不可欠なものを形成するものであり、個人の社会的統合を準備するために、実存的空間の構造の基本的特質は、公共的なものでなければならない。しかし、定位や社会的統合が、例えば共通の空間概念を発達させることよりも、むしろ文化的、政治的手段を講じながら発達されるというようなことも有り得ないことではなかろうか。人間の行為の諸次元がもついずれの重要性をも減じたくない。ただ、いかなる行為も、運動や場所との関係を含んでいるがゆえに、あらゆる行為には空間的側面があるということが、指摘されるべきである。実存と実存的空間は分離できない。」

「ハイデッカーは言う。あらゆる行為は、「或る場所にいる」を意味しているのである。それは己が実存的空間の中に位置づけられていることにほかならない。」「狭いとか、広いとかいう概念は、このような性質を記述するものに、まことに適しているのである。狭いとは、何か生活に制限を加えるものである。場合によっては生活を保護するが、広いとは、生活を展開（営む）して繰り広げてゆくことであろう。したがって、環境の表情や性質というものは、人間の内面にある何か主観的なものではなく、外部に見いだされるべき何ものかというものでもない。」としている。

(3) 和辻哲郎「風土――人間学的考察(7)」

【編者コメント】
「景観学」の山に登坂中のエネルギー源である

本著は私の書棚の中央に何十年も位置している本である。しかし今だ読破できないでいる代物である。そして大変重要な学問的位置を占めているように感じとってはいるのだが。ではそこにいったい何が潜んでいるのかである。

まず定義がすばらしい。このとき既に景観なる語をもちいて規定していること。人間と風土とのかかわり方を強く求め研究していること等であるが、こういった名著にはあまり凡人が手を加えない方がよいと思うので、景観と和辻の風土とがおおいに関係していることだけは明記し、そして景観学構築のために必要不可欠の存在であることをまず指摘しておかなければならない。和辻哲郎の『風土』は景観学構築のためのエネルギー源である。すなわちそれぞれの土地の風土を取り入れてそれを生かしてエネルギーとして、また進むのである。

本著は、古今東西、現在でも、風土、風景、景観問題を論じる時、必ず登場し、評価されている名著である。だからその魅力は何処に存在するのか探ってみたい。

和辻が言う風土とは、「ある土地の気候、地質、地味、地形、景観などの総称

(7)「風土」和辻哲郎著、岩波書店、1978

である。」としている。すなわちここで「景観」が登場することである。

また、「本書の目指すところは、人間存在の構造契機（きっかけ）としての風土性を明らかにすることである。」としたてんである。

そして「だからここでは自然環境がいかに人間生活を規定するかということが問題なのではない」とし、「通例自然環境と考えられているものは、人間の風土性を具体的地盤として、そこから対象的に解放され来たものである。かかるものと人間生活との関係を考える時には、人間生活そのものがすでに対象化せられている。従ってそれは対象と対象との間の関係を考察する立場であって、主体的な人間存在にかかわる立場ではない。我々の問題は後者に存する。」とした。

「たとえここで風土的形象（かたち）が絶えず問題とせられているとしても、それは主体的な人間存在の表現としてであって、いわゆる自然環境としてではない。」としている。そして重要なことは「人の存在の構造を時間性として把握する試みは、自分にとって非常に興味深いものであった。しかし時間性がかく主体的存在構造として活かされたときに、なぜ同時に空間性が、同じく根源的な存在構造として、活かされて来ないのか、それが自分には問題であった。」とした。

「そこで人間存在がその具体的なる二重性において把握せられるとき、時間性は空間性と相即（そうそく――二つのものが一つになって区別できないこと）し来たるのである。」としている。

(4)　黒川紀章「共生の思想(8)」

【編者コメント】
歩み方の基本姿勢としての道しるべ

「共生」という言葉にあえた。その後、黒川紀章なる人間にもあえて大変よかった。何がよかったかというと、共生の定義が意味している内容と、黒川氏の歩んできた道のりがよくわかったことである。共生の誕生過程が判明したことである。時代を先駆けしてきた人でもある。

人は一生の間に一人でも心の底から師匠と呼べる人にめぐり会えれば幸せと感じてよいと思っていたが、いま六〇歳を過ぎて、すばらしく生きている人に一瞬でも会えたことは、至福のかぎりである。

はじめに

黒川によると、そもそも「共生」という言葉は、仏教の「ともいき」と生物学の「共棲（きょうせい）」を重ねてつくった概念である。しかし必ずしもそれを新しい概念としてではなく、都合のよい流行語として使われることが多くなった。

「共生の思想」は三五年前から提唱してきた思想であり、あらゆる分野を巻き込んで二一世紀の新しい秩序になると考えているのだが、その発端が黒川の中学

(8)「共生の思想」黒川紀章著、徳間書店、1991

時代の椎尾弁匡先生の「ともいき仏教」との出会いにあり、そのルーツがインドでの四世紀の唯識思想にあるという自説を強調したために、仏教の思想の延長として誤解されたらしい。

共生の思想は、仏教思想を含みながらも、はるかに広い世界の領域へと拡大された新しい思想と考えている。むしろ生物学でいう共棲（共生）と同じではない。それに、仏教思想にルーツがあるとしても、仏教は決して排他的な宗教ではなく、あらゆる日本文化の形成の過程で、日本的な生活の様式、美意識のなかに同化されてきた。

また共生の思想は、日本が明治以降置き忘れてきた日本の伝統的文化を再生させる意図をもつものである。それは建築・都市計画・国土計画・社会工学といった専門分野をはるかに超える広い分野や領域に及んでおり、二一世紀の未来を長期的展望に立ち、総合的視点で考察しなければもはや何も見えてこない時代に我々は生きている。

〝共生〟の定義

＊共生とは対立、矛盾を含みつつ競争、緊張の中から生まれる新しい創造的な関係をいう。

＊共生とはお互いに対立しながらも、お互いを必要とし、理解しようとするポジティブな関係をいう。

＊共生とは、いずれか片方だけでは不可能であって、新しい創造を可能とする

関係をいう。

＊共生とは、お互いのもつ個性や聖域を尊重しつつ、お互いの共通項を拡げようとする関係である。

これに対して共存、調和、妥協といった概念とは何か。

「米ソ共存」のように、「共存」とはお互いに相手を絶滅させようとする両者が敵対しつつ、破滅を避けて併存している関係に使う。

「色彩の美しい調和」のように使う「調和」とは、本質的な対立があるわけではなく、差異のある要素をバランスよく調整する場合に使う。

「両者の妥協」のように使う「妥協」とは、利害の対立する両者が特に創造的な新しい関係をつくりだす意図もなく、消極的に共通項のみでつくりあげるモラトリアム（支払猶予）の関係をいう場合に使う。

このように規定すれば、さしあたり「共存」、「調和」、「妥協」とは異なる「共生」の概念規定がある程度浮かび上がってくる。

対立・競争・闘争するという緊張関係を保ちつつ、両者が共生するとき、時間的なモラトリアムや空間的なバッファーゾーン（緩衝地帯）を置いて共生関係を創り出していく過程をとることが多い。

このモラトリアムとバッファーゾーンは、中間領域論として共生の思想の形成・発展に重要な役割を果たしている。

「共生」と「景観」との関係

黒川の景観への思いの直接的なコメントはないが、「人間と自然の共生」については語っている。

日本の住まいは、自然に溶け込む「仮の宿り」／虫の音（ね）はノイズと音楽の中間領域／自然を征服し手なずける西欧／売れる森から使える森へ／農業・漁業・林業は共生すべきもの／森と海の共生／コメ聖域論／農業、林業、伝統文化は三位一体である／〝聖域〟の尊重こそがグローバリゼーションの要諦／海外の〝聖域〟を積極的に守れ／ヘリコプター飛び交う田園、「都会的牧歌」／森と運河が都市防災の秘訣——日本の三つの嘘を衝いた阪神大地震／学校に森と貯水池をつくる／自然の創造につながる共有空間（中間領域）……等々がうたわれている。

というように建築家としては大変な存在で、文明文化をものにした造詣の深い作品を多く残してくれた貴重な存在である。

(5)「1／f ゆらぎと生活」⑼

武者利光

【編者コメント】
登坂はリズミカルに

一九九九年一一月に、1／f理論を初めて、武者先生から講演会で聞いた。その日以来、気をつけて、その理論と実生活とを対比しながら過ごしてきた。そしてその理論の有効性を確信している。体に受け入れられる理論である。

そこで本書にも登場していただいて、景観学構築のために、一役かっていただくことにした。最近の講演収録（二〇〇八年日本景観学会川崎大会）を本人の許可のもと、掲載のはこびとなった次第である。

登坂でも、人生においても、特に重たい荷物を背負って旅している時、このリズムが大変有効かつ必要なものと判断している。

私は、ちょっと話の毛色が違うかもしれません。だいぶ原理的な話で、私の専門は物理学なので、その観点からずっと話が入ってまいります。

私が「ゆらぎ」の研究を始めましたのは、いまから四〇年ぐらい前です。自然界を見渡してみますと、ゆらぎで満ち満ちているのですが、その当時は「ゆらぎ」という言葉を使いませんで、ノイズとか雑音という言葉でとらえていたんです。

⑼「1/f ゆらぎと生活」武者利光著、日本景観学会誌 Vol.10, No.1、2009

ノイズとか雑音といいますと非常にネガティブなことで、ないほうがいい。何とかして雑音を減らしたいというのが普通の考えです。ここにありますけど時計ですね。時計というのは、進んだり遅れたりするので、これは非常に具合が悪い。なぜ具合が悪いかというと、何でも標準というのがありまして、長さの標準というのは一メートル原器があるんですね。温度が上がると伸びたり、縮んで、変わってしまうので、原器が変わると具合が悪い。時間の標準と時刻の標準は違うんですよ。時刻の標準というのは天体運行で決めているんです。ですから精度はミリセカンドぐらいです。時間は、昔は水晶振動子の周期を何倍かしまして一秒という時間を決めていたんです。現在は原子時計ですけれども、原子時計といえども水晶時計が原子時計を制御しているので、一番末端は水晶時計なんです。その水晶時計は一秒が速くなったり遅くなったりして、これを時間標準にするのはまずいではないかということで、何とかしてこのゆらぎをなくしたいというので、私ども毎年国際会議に出ていたんです。

さまざまなゆらぎ

世の中にはいろいろなゆらぎがありまして、その中で一番神秘的で不可思議なゆらぎが「1／fゆらぎ」なんです。正体がわからないんです。これは自然界のいろんなところにあるんですけど、なぜこれが出るのかというのがわかりませんで、それで私の興味を引きつけていたんです。

時間標準の会議でいろんなところに「1／fゆらぎ」が出るから、この問題を解決するためには学際的な会議をしなければいけない。学際というのは、国際の「国」を学問の「学」に置き換えただけで、「学際」という言葉はその当時は耳新しい言葉だったんです。いろんな分野の研究者が集まって国際会議をするのですが、そういうスタイルの国際会議というのは当時なかったんです。だけど、この問題に限っては時計だけやっていてもだめだと。トランジスターでも「1／fゆらぎ」はあるし、地球の回転も「1／fゆらぎ」をしているんです。それから生体の細胞のリズムも「1／fゆらぎ」をするし、そういう諸々の専門の顔を集めて、この問題にアタックしないと解けないだろうということを、私は国際会議で言ったんです。やったらみんな賛成するかどうかと言ったら、私のまわりに集った人はみんな賛成するというのです。じゃやろうじゃないかと言ったら、誰もやらないんですね。しょうがない言いだしっぺだから、来年やろうと言って、日本に帰ってきました。国際会議というのはそう簡単にはいかないんですね。武者利光がスポンサーになった会議なんて言ったって会社の人は出張できないんですよ。だから何々学会がスポンサーである国際会議と言わなきゃだめだということがわかってきまして、学会に頼みに行ったんです。物理学会、応用物理学会、電子何々学会、全部断られましてね。ただ断るのだったらいいけど、あんたは何て非常識だと言われました。国際会議のスポンサーを頼みに来るときは三年前に来なければだめだというんです。何で三年前に来なければいけないのか。困り果てまして、とうとう電気学会にスポンサーになってもらって国際会議をやったんですけど、国際会議をやるとお金がかかるということを考えていませんでしてね。

またお金がかかるということもわかってきたんですけど、いろんなことでそれを乗り越えてやったのが一九七七年です。

そのときいろんな研究者が集まりまして、その中で私に非常にインパクトを与えたのが「音」です。ここで音とつながりが出てくるんですけれども、音楽というのは何だろうか。音楽というのはスコアを見るとわかりますように、五線紙の上にオタマジャクシが上がったり下がったりしておりますけれども、オタマジャクシが上のほうへ行くと音響振動数が高くなるんです。というと皆さんのほうがよくご存じだと思うんです。ですから、物理学的に音楽とは何かといいますと、音響周波数が、ある特別のゆらぎをしているものが音楽になる。でたらめにゆらいでいるのはだめなんです。それを調べた人がいまして、その会議にカリフォルニア大学を出てすぐIBMのワトソン研究所に入ったリチャード・ボスというヒッピーみたいな格好をしてリュックサックを背負って私の研究所に尋ねてきたんです。そのころ東京工大の研究室にいたんですけども、自分はこんな発表をしたいと思うけどどいいだろうかと言うんです。何だと言いましたら、音楽を特徴づけるものは音響周波数でメロディーです。そのメロディーラインを調べてみると、どんな音楽でも共通な性質を持っている。それが「1／fゆらぎ」だと言うんです。ですから「1／fゆらぎ」の国際会議でそういう話をしたいがいいかというので、「どうぞしてくれ」と答えておきました。

その男の発表は、ジャズだろうと、モーツァルトだろうが、ベートーヴェンだろうが何だろうと、その振動数は1／fゆらぎをしています。人の声もそうなんですよね。「アー」と言っているこの声はビブラートかけなくても振動しているんですけど、その振動の細かいピッチもビブラートかけなくても「1／fゆらぎ」をしている。そこに集まった人は、全くそんな話し聞いたことないのでポカンとしていたんですけども、私は非常にそれが気になりましてね。人の言ったことをむやみに信ずるとえらい間違いが起こることがあるんです。だからちゃんと自分でやり直してみなければならない。その当時、私の研究室には東京工大のオーケストラのチェロを弾く男が来ていたので、その学生に調べてもらいました。日本の曲も調べてみたりしまして、日本のアナウンサーの声も調べてみました。「アー」というのは非常に細かいですけど、音楽の場合にはこう動きますけど、それを調べてみますと、不思議なことに我々は「1／f」というミステリアスなゆらぎをしているんです。これはなぜだろうか。それが頭を離れませんでした。

それから一年おきに世界中をぐるぐる回って国際会議をやりました。研究のターゲットは半導体なんです。その中でやっと仕組みがわかってきました。音楽のメロディーが「1／fゆらぎ」をするということを聞いてから数年後です。私は東京工大のすずかけ台キャンパスにいました。そのキャンパスから渋谷寄りの藤が丘に昭和大学の藤が丘病院というのがあります。そこに循環器の先生がいて、心電図を測って、心筋梗塞の位置を頭の中で組み立てるのだけど、もっと簡単にわからないかと言うのです。私はそのとき半導体の表面に電極を立てて中の電流のゆらぎがどう変化するかを調べていたので、それは人間と半導体と入れ替えれば簡単だよと言ってしまいました。

ところが、心臓というのは規則的にドン・ドン・ドンと拍動しているんですけど、わずかに速くなったり遅くなったりしているんです。人間は水晶時計じゃないです。水晶時計でもそうなっているんですけれども、速くなったり遅くなったりする。不整脈は別にしまして。その平均的な値から速くなったり遅くなったりするゆらぎの分だけを調べてみると、これまた驚くべきことに非常にきれいな「1／fゆらぎ」をしているんです。

人間の心臓というのは二心房二心室ありまして、右心房の上にペースメーカー細胞があり、そこから電気パルスが出ると心臓がドキンとやるんです。またドンと出るとドキンとやりますから、心拍ゆらぎの根源はペースメーカー細胞から出る電気パルスの間隔のゆらぎにあるのだというところで、それを調べたんです。

このあとスライドがありますけども、それは人間の細胞ではありません。神経細胞は何でも同じなので、実験しやすいアフリカマイマイというカタツムリなんです。ものすごく大きなこぶしぐらいあるカタツムリで、中の神経細胞がものすごく大きいんです。その中に電極を入れてやりますと、その間隔がきれいに「1／fゆらぎ」をしているということがわかってきたんです。

ゆらぎのない刺激は感動を与えない

そんなこんなできょうの話題に入っていくのですけれども、都市景観でも美しくなければしょうがない。また、美しいだけでもしょうがないんですね。機能的であって美しくなければいけない。人間が美しく感じる要素というのは何か共通なものがあるのか。誰でもが美しいと考える共通な何かメカニズムがあるはずである。人間が中心ですから、人間の体の中にそれがあるはずなんですね。美しく感じるものは何かということをいろいろ調べてみたんです。

天井の木目を見ていると少しずつ間隔が伸びたり縮んだりしているんですね。あれは何だろうかと。これを調べてみますと、木目というのは、そのときの気温の変動で伸びたり縮んだりしますけど、それがまた実にきれいな「1／fゆらぎ」をしているんです。あれを見ると、美しいな、気持ちが安らぐなと。だから音だけではなくて、視覚的なものも、「1／fゆらぎ」をしていると人間に安らぎを与えるのかなと思いました。美しいと感じるのは人間の主観です。美感とか快適感をもたらす大本は何であるかということで、共通なものがあるだろうか。これはあるんですね。あるのがきょうの話題です。それは一体何だろうかということです。

例えば壁紙を見ましても、等間隔で描いた線というのは壁紙にならないんです。見ていてちっともおもしろくないし、ただいらいらするだけです。テーブルを見ておりましても、それはプラスチックで、木目がプリントしてあるのが普通なんですよね。オフィスの中に入りますと、実にゆらぎがないんです。直線だとか円形というものは自然界にはないんですよ。ですからここは反自然的なデザインで我々は取り囲まれているので、こういうところに長くいるとだんだんイライラしてくるんです。プラスチックだとか、金属のテーブルの上にも木目をプリントしたものを貼りたがる。そういうものを見ると安らぎを感じる。畳の目などもそうなんですよ。
終戦後、若い方はたぶんご存じないと思うんですが、プラスチックのチューブの簾を売り出したんです。あれは売れなかったんですよ。なぜかというと、ゆらぎがないからなんです。プラスチックのチューブが並んでいるだけで、おもしろくない。竹ひごですと、手で削りますと必ず「1／fゆらぎ」が入るんです。やっぱり手で削った竹ひごでなければおもしろくない。そういう意味で、和室、ことに茶室なんというのは「1／fゆらぎ」に取り囲まれておりまして、京壁のザラザラした感じとか、天井、畳、全部「1／fゆらぎ」で取り囲まれているので、日本の住環境というのは理想的なんです。

音楽はなぜ快適感を与えるか

音楽を特徴づけるものは、基本的にはメロディーがどう変化するかということです。調べてみるとわかるのですけれども、楽譜で見てもそうですが、楽譜よりも演奏した音で調べたほうがいいんです。音楽の専門家の方がここにたくさんいらっしゃると思うんですけど、楽譜どおり演奏してないんですね。楽譜どおり演奏すると音楽にならないということも実験してみたんです。四分音符がありますね。四分音符が一秒なら一秒連続して次またパッと四分音符の高さが変わりますと、厳密に言うと周波数の変化が矩形波になるんです。周波数変化を矩形波にした音を聞いてみますと、音が変わるところでとんでもない音が耳に聞こえるんです。音と音の間に何も音がないギャップがおきますと、ちゃんとなめらかに聞こえるんです。頭の中でそれをつくっていくようなんです。音楽でも電子音楽というのは全くおもしろくない。だいぶ昔ですけど、テレビでベートーヴェンの「皇帝」をやったときに、オーケストラは人間なんですけど、コンピュータ制御で楽譜どおりに弾いたピアノの曲をやって、そのあとですぐ人間のピアニストが来てやるんですけど、全く違った感じなんですね。コンピュータで楽譜通りに正確に演奏した音楽というのは全くおもしろくない。これが音楽かと思うような感じです。

長崎にハウステンボスというのがあるんですけれども、いらっしゃった方はご覧になったかもしれませんが、自動演奏ヴァイオリンというのがあります。ヴァイオリンが四本入っていて弦を交替して演奏をしていますが、初めこれ何やっているのかと思ったんですけど、あれは楽譜どおりやっているらしいんだけど、全く音楽やっているという感じがしないんです。ゆらぎがないから。

あるときNHKがヴァイオリンの音の良さというのは何か調べてくれないかと、千住真理子さんを連れてきたんです。開放弦のGの音を彼女が弾くと、その音は細かいピッチのゆらぎがあるんですけど、それはきれいな「1／fゆらぎ」をしているんです。電子楽器でやったのはゆらがないんです。水晶発振器でやっていますから。人間がヴァイオリンを弾くとそれだけでいい音がする、のこぎりのような音がするというのは、どうも細かいピッチのゆらぎが違うんじゃないかな。人間の筋肉の動きなどは「1／fゆらぎ」になっていますが、機械で弓を引っ張ると、ゆらぎがない。

ほとんど全ての音楽のメロディーラインの変化は同じゆらぎ方をしている

我々が聞いて楽しいと思うような曲は間違いなく「1／fゆらぎ」をしています。

これはなぜかというと、初めに出した問題の答えがここなんです。生体リズムというのは、心拍のみならず基本的に「1／fゆらぎ」をしているんです。たとえばこうやって手拍子をしますね。（手拍子）間隔が等間隔じゃないんです。皆さん聞いても、これは等間隔に聞こえると思うんです。マイクロスイッチを入れてコンピュータで調べてみますと、きれいな「1／fゆらぎ」をしているんです。ところが、電子メトロノームを持ってきまして、それに合わせて手拍子をすると「1／fゆらぎ」は消えてしまいます。

そんなことを電子通信学会の何周年記念かのときに信州大学で講演したことがあるんです。懇親会のときに私のところにピアノの先生が来て「私は子どもたちにピアノを教えているけれども、メトロノームを使ったら、どうしても音楽性がつかない」と言うんです。ああいう機械的なリズムに合わせてやったのでは音楽性がつかないということがわかりました。「これからはああいう道具は使わないようにします」という話をしていましたけど、まさにそのとおりなんです。ことにピアノの場合には、ゆらぎが違うだけです。音は叩くだけですからね。そこに音楽のおもしろさというか、演奏者の個性は、ゆらぎにあるんです。だからコンピュータが弾いたのはゆらぎがなくて、楽譜どおりやったら全くおもしろくない。

皆さん、実験されたら納得しますので、機会がありましたら試してください。

ですから、先ほどの問題の答えは、「我々の体のリズムのゆらぎと同じようなゆらぎを持った刺激を受けると、我々は快適に感じる」というのが私がいま思っている結論です。それは音だけに限りません。音もそうだし、見た図形もそうです。

これが私が一九八二年に出した論文で、心拍ゆらぎが「1／fゆらぎ」になるよという初めての論文です。この論文が出てから世界の各地といいますか、ことにアメリカやイタリアあたりで心拍のゆらぎを使って心臓病の診断をしようということが始まっています。

生体リズムの典型例：心臓の拍動のリズム

下図の右のほうにあるのが、ゆらぎの波形です。左側にはスペクトルを出してあります。スペクトルの話をするとややこしくなるのでしませんけれども、スペクトルの傾きから「1／fゆらぎ」になっているということがわかります。

人間もカタツムリもペースメーカー細胞のリズムは全く同じ

これが先ほど言いましたアフリカマイマイという巨大なカタツムリです。ニューロンの大きさが〇・二ミリメートルですから、髪の毛の太さよりちょっと大きいくらいで目でもはっきり見えるんですが、そこから電気パルスが出て、そのパルスに従って生体は動いているんです。私がこうやってしゃべっているのも、脳

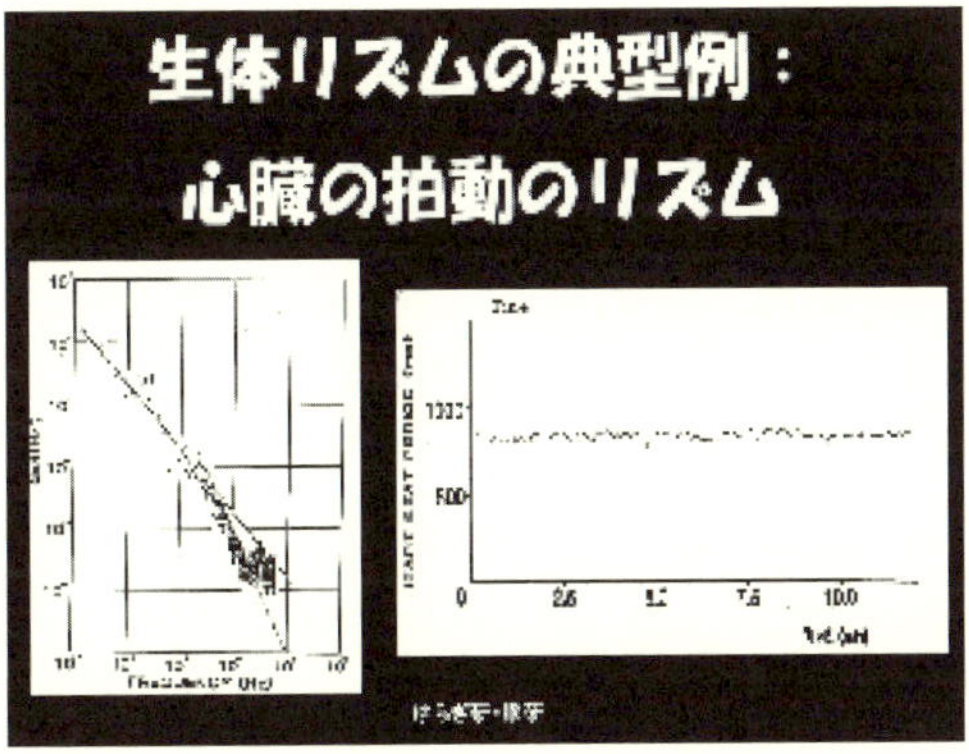

の中にニューロンの回路がありまして、数百億ぐらいニューロンがあるんですけれども、そこから出ている電気パルスに従って私はしゃべっているんです。我々の体の中ではパルス通信をやっているわけです。

ですから、人間もカタツムリも支配しているニューロンの性質は同じだということなんです。ですから、人間が楽しむような音楽を聴くと、牛や馬や犬や猫でも快感を感じて「ウー」と言ったりするんです。ですから牛に音楽を聞かせると乳牛のおっぱいがたくさん出るとか、そういう実験もしています。

私がこういうことを発表したときに、島根のほうの養鶏家が来まして、ニワトリを飼って卵を産ませているけれども、「1／fゆらぎ」の音楽を聞かせたいというので私たちが作った「1／fゆらぎ」音楽のCDを流しました。鶏小屋が一列に細長く並んでいて、小川がチョロチョロ流れているんです。小川のチョロチョロは1／fになっているんですよ。ここにスピーカーを置いて「1／fゆらぎ」の音楽を流して、ニワトリがどれぐらい卵を産むか調べてみたら、おもしろいことがわかりましてね。スピーカーのそばにあるニワトリは、かえって産卵の数が減って、真ん中ごろのは増えて、また遠いのは減ってしまった。そういうレポートが来ました。近くにあるのは音が大きすぎて、かえって不安になったんでしょうね。遠くのほうは聞こえなかったんです。ちょうど中くらいの距離にあるニワトリはちゃんと卵を産む量が増えたというんです。

一つ問題がありまして、音楽というのは大体人間の心拍ぐらいのテンポでやってますよね。行進曲でも何でも。ですから、このくらいのテンポでやれば、ニワ

人間もカタツムリもペースメーカー細胞のリズムは全く同じ

African snail has giant neurons ~0.2 mm

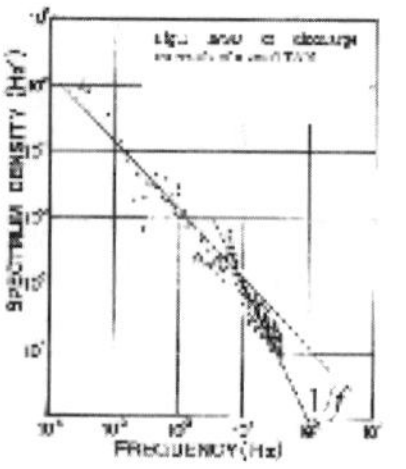

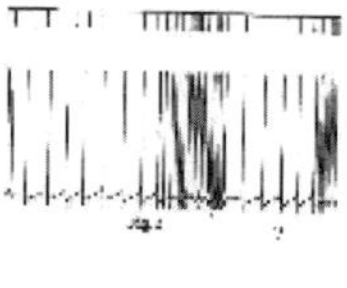

トリももっと卵を産んだんじゃないかと思うんですけど、ニワトリの心拍というのは、卵を産む時期になりますと一秒間で二五〇～二六〇になるんです。ですから、ニワトリのための音楽というのは、ものすごい速いリズムで演奏しないとだめなんですね。ですから、それぞれの動物に合わせた音楽というのをつくってやると、動物にとって快適に感じるような音環境ができるのじゃないかと思います。

音楽というのは人間中心にできています。ですからほかの動物に合わせるためには、少し時間のスケールを伸ばしたり縮めたりするといいんですね。ということもわかってきました。

揃っていないことの美しさ

私が木目を見て、これきれいだなと思って、何とかしてこれを調べたいと思っているときに、実に都合よく京都大学の宇治にある木材研究所長の山田先生から電話がかかってきました。木の種類によってスピーカーの音の鳴り方が違うので、その理由を調べてくれないかという依頼が来ました。

木の中心を通るように切ったものが柾目ですね。中心をずれたところで切りますと板目といいます。我々が子どものときは下駄を履いて遊んでましたから、板目、柾目というのはよく知っているんですよね。柾目の下駄のほうが反らなくていいんです。板目の下駄は履いているうちに反ってくるんです。

これは柾目の木目です。これを調べてみますと、これもきれいな「1／fゆらぎ」をしているということがわかります。

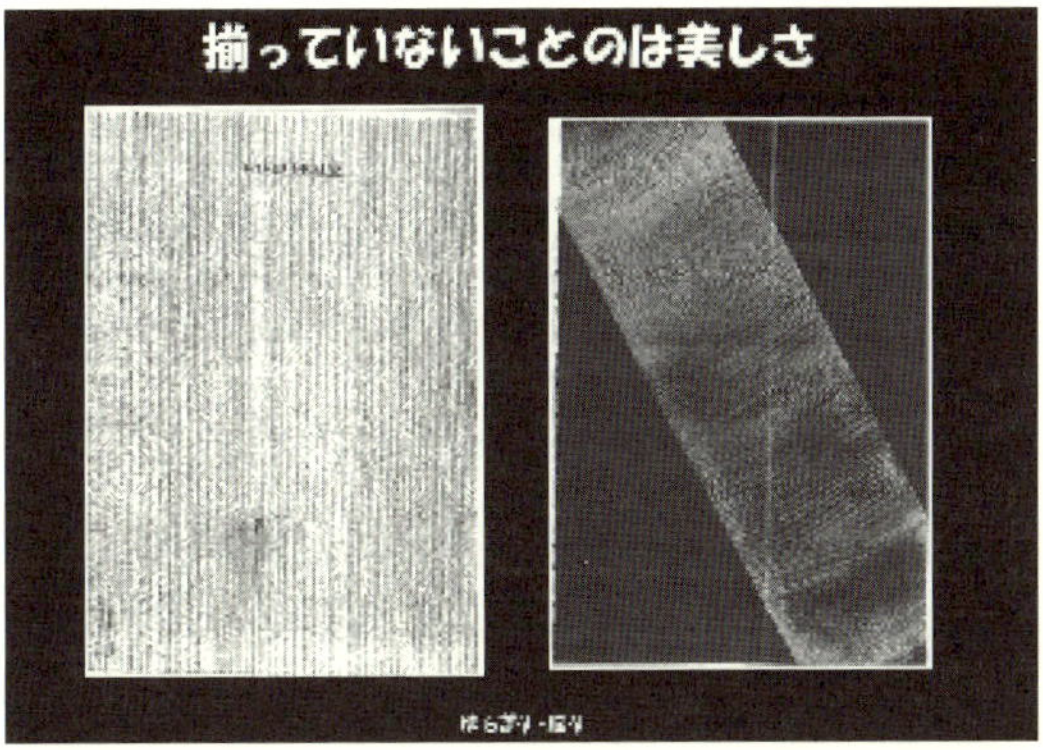

江戸小紋の型紙

桐生で講演をしたときに、織元に江戸小紋の型紙がたくさんあるんです。それを見せてもらいましたら、江戸小紋の模様というのは繰り返し模様なので、コンピュータでデザインしたら安くていいじゃないかと誰でも思うんですけれども、コンピュータでこの繰り返し模様をつくったら売れないのだそうです。人間というのは正直なもので、つまらないと売れないんですね。

これは本当の型紙です。職人が渋紙に小刀で穴を空けてその上からこうやるんです。正面から見るとあまりよくわからないんですけど、横から見ますと線がうねっているのがよくわかるんです。千鳥が飛んだりしてましても、その千鳥の形が少しずつ変わっていたり、間隔が変わったり、向きが少しずつ変わっているんですね。それを同じパターンで等間隔でやると、人が買ってくれない。目というのは鋭いもので、ちょっとの違いが、きれいかそうでないかというのがわかるんですよ。

ここにあるのは本物ですよ。職人が手でやった江戸小紋の型紙です。こういうのは売れるんです。これをコンピュータデザインしても売れない。ですから、「美しさ」というのは微妙なゆらぎにありまして、ゆらぎが大きすぎるのは「へた」と言うんです。あんまりゆらぎが大きいとだめです。心拍のゆらぎというのは大体一〇%ぐらいなんです。それより大きくなると目で見てもわかるんですね。ですから名人、上手な人がつくったときの「ゆらぎ」というのがきれいな理想的

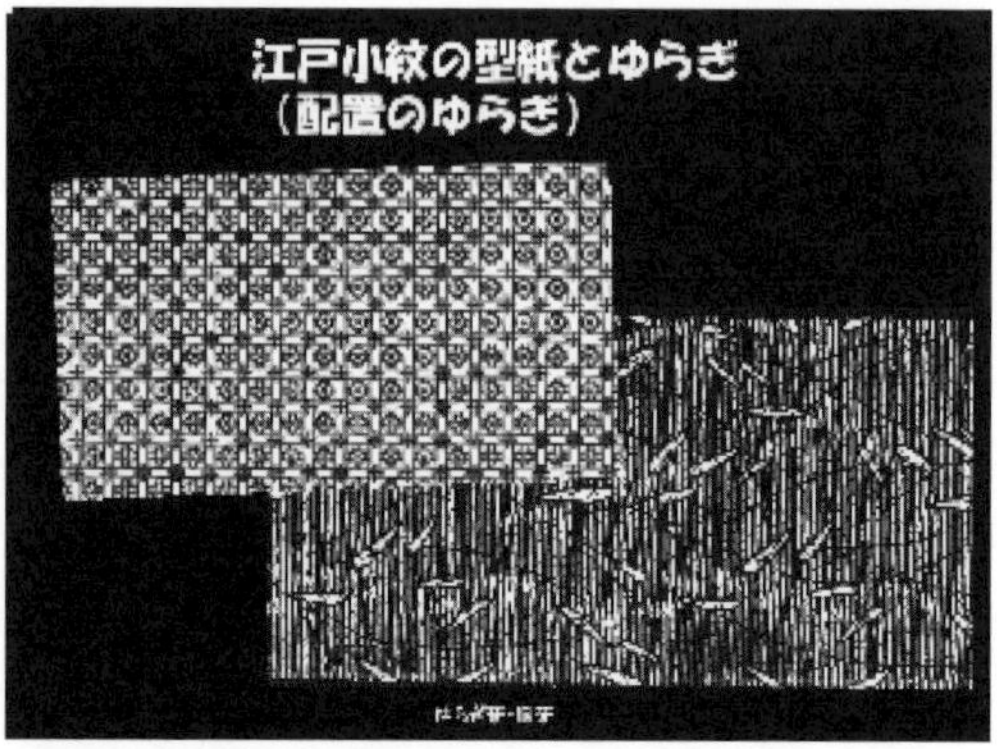

な「1／fゆらぎ」で美感を与えるものになっているのだろうという感じです。

「かたち」のゆらぎ

いろいろ我々がいいなと思うようなものを調べてみますと、まず「かたち」のゆらぎです。年輪がありますけども、年輪の間隔というのは、さっき板目の間隔が「1／fゆらぎ」であるということから、年輪を描くときには、我々の言葉で言うと極座標を使うんです。ここを原点にしてグルグルグルって回すんですけれども、角度の関数としてこの長さが決まるんです。この長さを「1／fゆらぎ」でゆらがせますと、木の断面みたいなものができまして、その中のまたピッチのゆらぎを、この間隔を1／fでやりますと、きれいな木目ができるんです。ですから、三千年、四千年の屋久杉の断面なんていうのも、割と簡単にできるんですよ。

これはコクヨから頼まれて、そういうものをつくってくれと言われてやったものです。これは「ゆらぎテーブル」です。

これはお米粒の格好に見えるでしょうけれども、これも極座標を真ん中に置いてぐるっと「1／fゆらぎ」で描いたら、たまたまお米粒の格好になりましてね。あぁ自然の格好っていうのはやっぱり「1／fゆらぎ」になっているんだと思います。

それから二次元の「1／fゆらぎ」パターンというのをつくってみたんです。縦横に線がありますけど、こちらの線がこっち方向に「1／fゆらぎ」になって

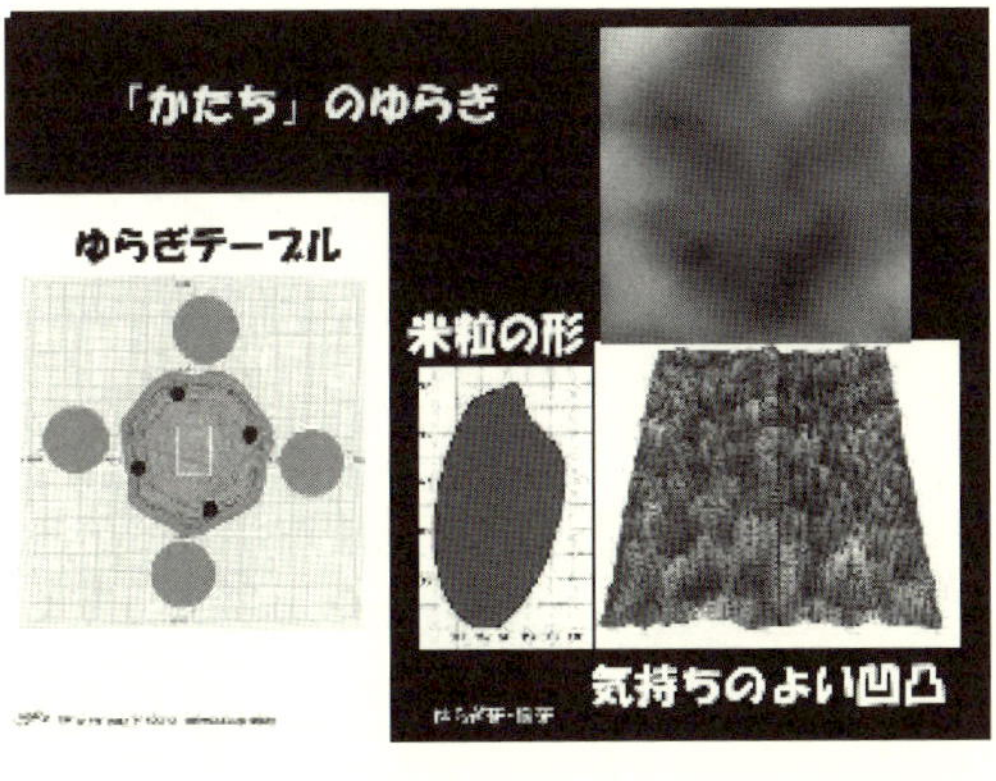

いるんです。どの線も「1／fゆらぎ」です。こちらの方向の線も「1／fゆらぎ」になっている。その線を組み合わせますと、こういう曲面ができまして、これを石膏でつくって触ってみると、ものすごくいい感じがするんです。木の皮などを剥ぎますと、下がこういう感じなんです。ですから、化粧品のビンの表面などをツルンとしないで、こういう格好にしますと、触っただけでいい気持ちだし、クルミの表面などはこれに似たようなんですが、持ったときに滑らないんですよ。ですから機能的でもあるし、触っていい気持ちがするということで、いろいろ言っているんですけど、こういうのをやってくれという化粧品会社はまだ来ないので、どこかから来ればやりたいなと思っているところです。

「1／fゆらぎ」首飾り

次に1／fを使うのはこれです。これは真珠の首飾りです。ある宝石屋さんと話をしていて、真珠の首飾りというのは揃っているものが美しいのだということで、粒の直径を揃えてつくろうとするんですよ。私の考えは、揃っているものは美しくないんです。ゆらぎがないと美しくない。それで真珠の粒を直径別に小さい箱に入れるんです。箱に番号を付けまして、サイズが1／fになるように並べ替えまして、それでこれはつないだものです。ですから、大きい真珠も、小さい真珠も、無駄なく全部使って美しさを出す。これは実物の写真です。

配置と配色にゆらぎを

揃っているものが美しくないのだということで成功した例があります。日清紡は木綿の布地をつくっています。木綿の花の中にある繊維は短いんです。ですから木綿から糸をつくるときに、短い繊維を紡いで長くするんです。化繊というのは、細かい穴から溶けたプラスチックをビューと吹き出して一本の線が釣り糸みたいにできます。あれもゆらがせたらいいんじゃないかと思います。日清紡の関係者に、「揃っているものが美しいというのは、ちょっと考えが違うんじゃないか、あれをゆらがせたらおもしろくなるはずだ」と言いました。日清紡は岡崎に美合工場というのがあって、そこにコンピュータ制御できる撚糸の機械があります。コンピュータに実は音楽のメロディーを入れたんですよ。それでやりますと、実物があるんですけど、太くなったり細くなったり「1／fゆらぎ」をする糸ができるんです。それをやったところ、職人さんが「なんだ、こんなオシャカをわざわざつくって」と言ったんですけど、いままでの頭から見ると麻に見えるんですけども、それでハンケチをつくりまして、見ますと麻に見えるんですよ。麻というのは一本の自然の長い繊維なんです。自然に一本に繊維ができますから、太くなったり細くなったり、生物の生長ですから「1／fゆらぎ」になっているんです。木綿の短繊維を撚るときに1／f制御して糸をつくって、それで布をやりますと、木綿でありながら麻と見分けがつかないようなものができるんです。

　それをデパートで売り出したんですけれども、そのとき説明のところに「1／fゆらぎ」云々と書いたら、これがまた店員さんが困って、「1／fゆらぎ」っ

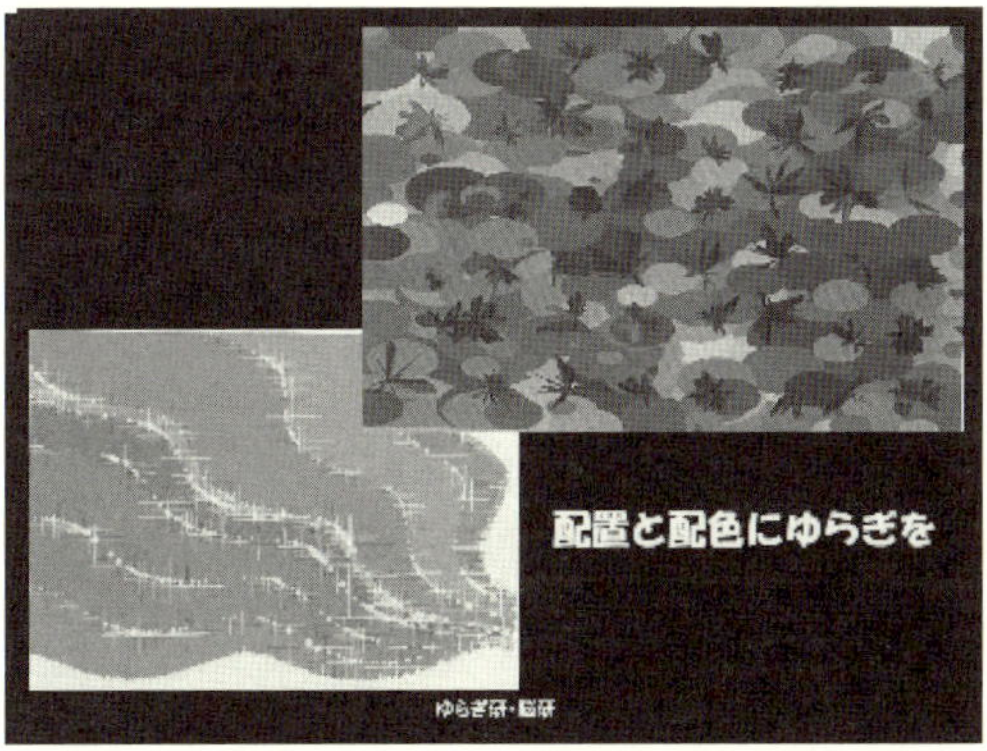

て何ですかと言われて、そんなこと書くなって。美しければいいんです。美しいかどうかが勝負で、１／ｆだから売れるというものじゃないからということで、その札を取っちゃって、そのハンケチがひと頃ずいぶん出ました。

かたちと配色

それから模様です。模様も「１／ｆゆらぎ」でデザインができるのじゃないだろうかということで、「１／ｆゆらぎ」でデザインをしたものです。どういうところに「１／ｆゆらぎ」が使われているかというと、この曲線です。これが「１／ｆゆらぎ」です。一つ一つの形もそうですけど、配置です。これをどうやって配置するか。配置の直径を「１／ｆゆらぎ」で決めまして、並べ方も「１／ｆゆらぎ」でやったんです。ブラウスの生地のデザインもしました。ワインレッドのところに白い球があるんですけど、それに「１／ｆゆらぎ」を加えると、雪が降っているような感じになって、ものすごくきれいなんです。ネクタイだとか、いろんなものをやり始めてます。理論的にはおもしろいことではないんですけど、そういうのを使ってみたいということがあるので、いろんなところにこれを使いました。

右側は線のゆらぎが「１／ｆゆらぎ」になっているんです。左側は線の間隔、配色を「１／ｆゆらぎ」で決めるんです。配色を決めるというのはどうやるかというと、まず色のパレットをつくるんです。このデザインは何系統にしようかと、色の系統をまず決めます。ブラウン系統にしようとすると、ブラウンの濃淡のカ

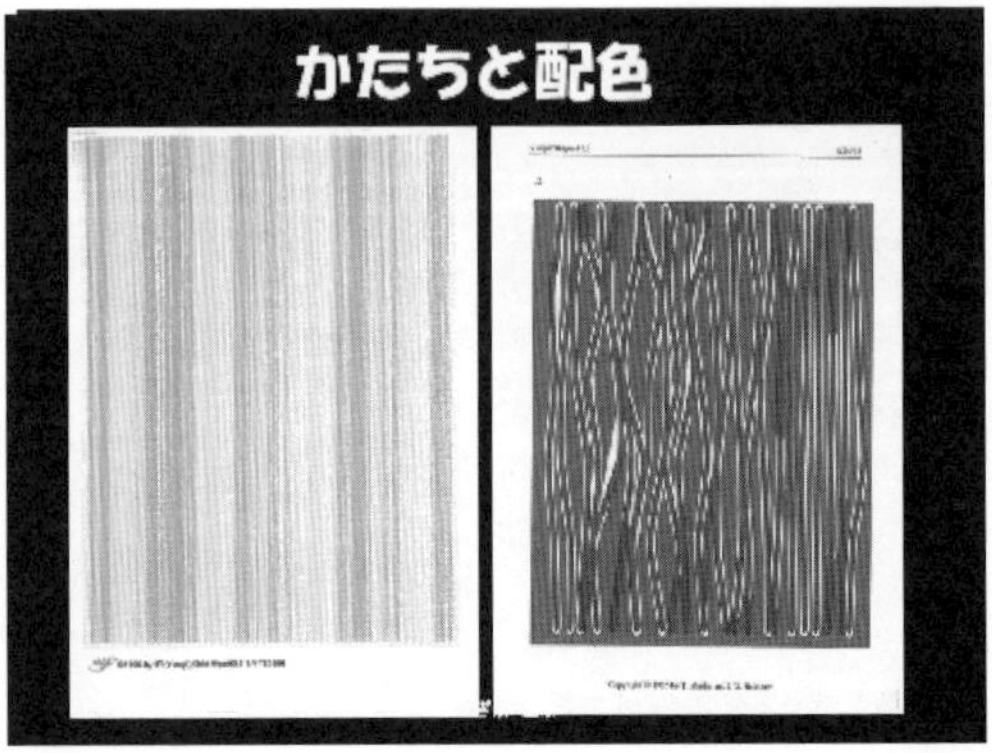

ラーパレットをつくって、それを分断して番号を付けるんです。その番号が1／fになるようにして割り付けていくんです。それから、線をよく見ますと直線じゃないんです。４Bぐらいの鉛筆でスーッと線を引きますとああいう線に見えるので、壁にこういう図形を貼っておきますと、「これコンピュータでデザインしたんですか」と驚かれます。線もスッと手で引いたような線が「1／fゆらぎ」でやるとできるんです。これもコンピュータの線で引くとおもしろくないんです。

こういうことから、我々が大量生産でつくられたインテリアの機材の中に囲まれて何を失ったかというと「ゆらぎ」なんですよね。手作業でやればそれを取り戻せるんですけど、非常にコストが高くなってしまうので、何を失ったかというエッセンスがわかってきましたから、コンピュータを使ってまた取り戻すことができるんです。それでいままでやってきたのが、繊維だとかそういうところで、この後に都市計画もあるんですけれども、そういうところにも復活しました。

ゆらぎデザインの四原則

そこでいろいろやったあげく「ゆらぎデザインの四原則」というのを考えたんです。どこに「1／fゆらぎ」を入れるか。まず「形」に「1／fゆらぎ」を入れる。ゆらぎテーブルだとか。庭園の池の格好もそうです。ところが西洋に行ってベルサイユ宮殿とか、何とか宮殿に行きますと、四角くて、植え込みを幾何学的な模様で、どうも感覚が違うんですね。日本の庭園というのは、池の形、木の植え方も全部「ゆらぎ」になっていて、行くたびに違うんです。ゆらぎというの

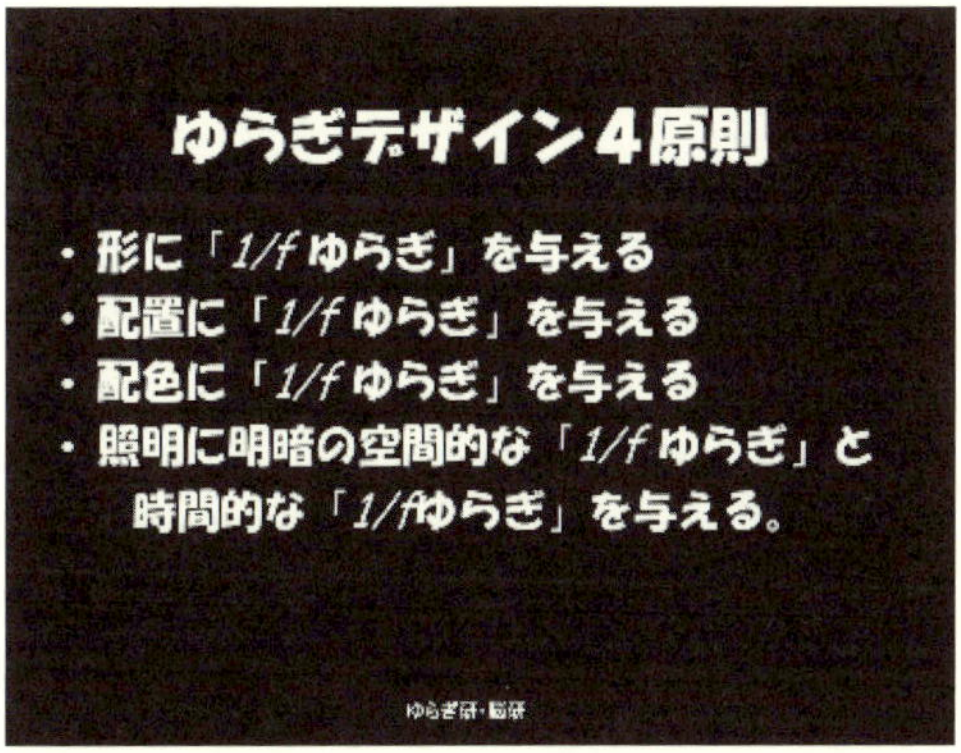
ゆらぎデザイン４原則
・形に「1/f ゆらぎ」を与える
・配置に「1/f ゆらぎ」を与える
・配色に「1/f ゆらぎ」を与える
・照明に明暗の空間的な「1/f ゆらぎ」と
時間的な「1/fゆらぎ」を与える。

は情報量が多いんですね。西洋の庭園みたいにやっていると、数値でどの位置から何メートルで矩形を描けなんていうことでできてしまいますから情報量が少ないので、いつ行っても同じだなと感じます。ベルサイユ宮殿なんていうのは、一回か二回ぐらいは感動を受けるんですけど、三回、四回行くと、何だという感じになってきますね。前と同じじゃないかと。ですから、日本建築というのはものすごく、美しさと言いますか、そういうので詰まっています。

「配置」、それから「配色」です。色というのは突然変わるとあまりよくないので、例えば住宅が並んでいるときに、屋根の色などをどういうふうにするかというときに、この「ゆらぎ」で決める。壁にタイルを並べるときも、タイルの色に番号をつけて、連続的に変わるようにしてやりますと、非常に柔らかなデザインをした壁面ができるんです。

それから、もう一つ大きな点は「照明」です。いまやられている照明というのは、明と暗のデザインなんですよ。明るいところ、暗いところ。寺院を照明しても非常にきれいなんですけど、あそこにダイナミクスを入れるともっときれいなので、いろいろ実験したことがあるんです。

この部屋のこの照明も一定の明るさですが、自然界にはこんな明かりはないんですよね。太陽があれば、スーッと雲が通ったり、木の枝がゆらげば木漏れ日もゆらぎます。我々が進化してきたのは、朝から昼になって夕方になるとか、そういうところで生物というのは進化してきたので、こうやって朝から晩まで同じ強さの光が同じ方向から来るというのは、あんまりよい感じはしないんですよ。ですから、これを1／fでゆらがせると、またおもしろいデザインができます。

イルミネーションなんかもできるんです。これは実験したことがあるんです。三菱電機照明でこちらでデザインしたゆらぎ照明というのをつくってもらったんです。三菱電機照明という会社は大船の撮影所の近くの、「寅さん」を撮った大船撮影所なんですが、あの前を通っていくと三菱電機照明のキャンパスがあって、桜の並木がずっとあるんです。あそこの大きな桜が満開になったとき、桜のイルミネーションを下からやるんです。桜というのは花が出たときは、花びらが光を通すんですよ。ですから下からやりますと上までザーッと照明が突き抜けるんです。紅葉でやってもそうだと思うんですけどもね。それを一つのゆらぎ照明じゃなくて、三個ぐらいのゆらぎ照明で下から桜の木をワーッとやります。これがゆらぎます。桜の木がものすごくなまめかしくゆらぐように見えるんです。こんな桜の花、見たことないなと。次のシーズンには、東京工大の大岡山キャンパスにも桜の木がありますので、あそこでも実験したことありました。

クリスマスシーズンになると、豆ランプをいっぱいつけて、あれオン・オフじゃなくて、全体的に1／fでゆらがせると、桜の経験からいくと、ものすごくきれいになると思うんです。桜の花とか紅葉という透明性のあるものでやると、非常にきれいなんです。それから植え込みの中に入れて、低木のライトアップをその中でやるとかね。そうすると、フワフワとなって……。

照明に時間軸を入れましょう。これがいまの発想で欠如しているんです。照明にダイナミクスを入れて四次元にしようということです。

街路樹・植栽の植え方

建設省の土木研究所で、都市計画に「ゆらぎ理論」を入れてやってくれということで、幾つかやりました。道路に立木を植えるときに等間隔で一律に植えるんですよ。どういうわけか知らないけれどもね。建設会社の人に、あなたたち、どうして街路樹というと等間隔に一直線に植えるんですか。何か根拠あるんですかと言ったら、全く知らないと。そういうものだと思っているからやっているというだけなんです。

これは上から見た街路樹の配置です。Y軸方向に、さっきの心拍じゃありませんけど「ゆらぎ」を入れて、それから横に振れる量にも「ゆらぎ」を入れてやったのが、この街路樹です。こういうふうになるということです。

香椎地区の再開発計画

九州の香椎《かしい》地区で都市計画をやるというので実際に現地まで行って案をつくったんです。名古屋工大の都市景観のグループと東大の建築のグループが来て、こういうグラフィックまでつくってくれたんです。

左がいまある香椎の道路です。右が「１／ｆゆらぎ」をさせたときに、こう見えるであろうと。もうちょっと極端に振ってもいいんですけれども、私の案では、歩道をつくるときには歩道を半分に分けろと。半分は街路樹を「１／ｆゆらぎ」で配置します。歩くことを楽しみたい人は、この中を歩けばいい。もうちょっと

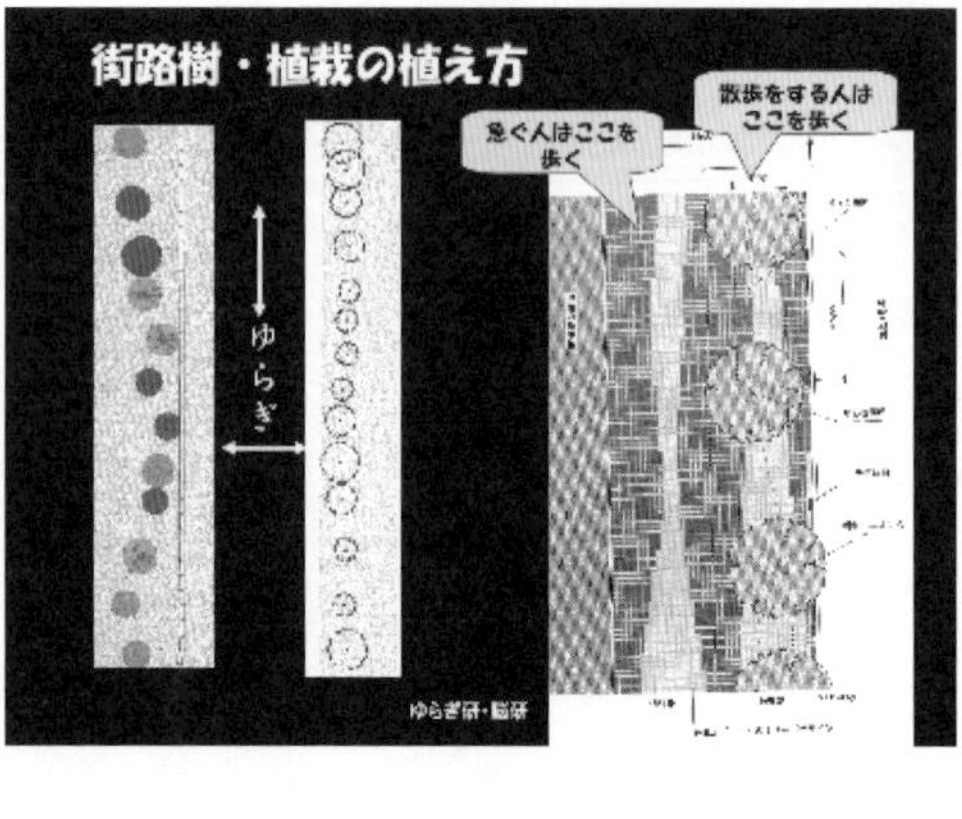

間隔が短いと林の中を歩いているような感じになるんです。立体模型をつくってみると非常によくわかるんです。立体模型をつくって目線で見ますと、林の中を歩くようになるんです。

ところが、新しく開発するときはいいんですけど、沖縄の58号線で電線の地下埋設をするので、歩道を掘り起こすので、そこで「1／fゆらぎ」で街路樹やってくれと言われて、沖縄まで飛んでいって現場で指揮して、あれこれと言ったら、結局できなかったんです。というのは、沖縄の道路は幅が四～五メートルなんです。「ここに」と言うと、ここのところはガス管があります、こっちに水道管がありますでだめなんです。

「美しさ」というのはゆらぎで、「ゆらぎ」というのはゆとりがないとだめなんです。遊びがないとできないんです。きちきちのもので何かやろうとすると、なかなか美しいことはできないんです。ですから「美」というのはぜいたくであって、ぜいたくをするにはゆとりがないとだめです。初めからやらないとだめなので、途中からこれやってくれといってもだめなんですよ。ということで、沖縄の58号線はうまくいかなかったんです。

その後に佐世保だとか、さっきの香椎だとか、初めからやるところだったらできるということで、幾つかの案を出しています。

沖縄でやるときに、花の色がいろいろありましてね。街路樹の種類を変えるとか、季節をずらしてやると、またいろんなことができるんです。花のないときには枯れ枝がこうなっているというのではなくて、季節季節で葉っぱの落ち方の時

季をずらして組み合わせるとか何かしますと、いつもきれいにまちを見ることができるようになるので、まちづくりをするときにも「ゆらぎ」は必要です。家を一直線で並べたりしますけど、あれはもうやめたほうがいいんじゃないか。人間の住むところじゃないのでね。人間が住めば、獣道じゃないですけど、道路はこうなるし、家のセットバックもいろいろになりますから、道路から家のセットバックもゆらがせてやるとかね。あんまり揃っているというのはね。人間も揃っているというのはあまり良くないんですよ。

「ゆらぎ」というのは、心のゆとりを与えるというか、音に限らず視覚だとか照明、そういうもの全て「1／fゆらぎ」というのは、私のいままでの経験では人間に快適を与える。そういうのは「美」のもとだと思うんです。「美」というのは人間の主観的な判断ですから、それは原理は一つで、人間の体のリズムが判断基準になっているのではないか。だから、音だけとか、景観だけというのではなくて、全体を総合して考えなければいけないのです。

沖縄でやろうと思ったのは、沖縄の民謡のメロディーでゆるがせたり何かしたんです。この通りは何とかメロディーだとか、そうしますともっとおもしろくなるのじゃないかなということで、そんなことを考えながら新しい「まちづくり」とかそういうものをおやりになると、おもしろいのではないかと思います。

以上です。（二〇〇八年一〇月二六日、於ミューザ川崎シンフォニーホール（市民交流室））

（6）向殿政男「ファジィ理論⑩」

【編者コメント】
あいまいさ（fuzzy）の中に真の値がある場合が

ものごとへの対処方法は、あまり厳しすぎていても、あまり優し過ぎても、よくない場合がある。すなわちほどよい（いいかげん）感じで執り行うことが、万事うまくゆく場合が、時々おこる。例えば、水戸の斉昭は「禽獣草木其の生命を保てるものは、一陰一陽其の道を成し、一寒一暑其の宜しきを得る……」（水戸の偕楽園記）とあり、われわれの日常生活において、右や左の一辺倒ではなく、その中間領域に真の値が存在する場合がある。それら前後左右に気をつけて判断し進むべきである。

はじめに

ファジィ理論は、一九六五年、アメリカ・カルフォルニア大学バークレイ校のL・A・ザデー（Zadeh）教授が、インフォメーション・アンド・コントロールという学術専門雑誌に発表した。ファジィ集合（fuzzy sets）という論文が始まりです。

そして、ファジィを、簡単に表現すると、ファジィとは羽毛のようにふわふわとして、境界が不明確であるようなありさまを表現するときの形容詞です。

（10）「ファジィ理論がわかる本」向殿政男著、HBJ出版局、1989

ファジィとは

これら、あいまいさを表現する形容詞は、茅野道夫（東京工業大学教授）によると、

一四九個リストアップされた。英語では一七〇語、中国語では一五〇語位とのことである。

では、あいまいさの正体は何かを考えてみると、

＊知識が不足していて、よくわからない（incomplete）。

＊解釈が何通りもあってわからない（ambiguity）。

＊未来のことなのでわからない（randomness）。

＊正確でない（imprecision）。

＊定義できない、または定義しても意味がない（fuzziness）。

ファジィ理論の経過

イエスかノーしか認めない二値論理の起源は、ギリシャ時代のアリストテレスまでさかのぼると言われている。といっても、アリストテレスは、イエスともノーとも決定しかねるものが存在することを認めていました。しかし、イエスとノーのみが存在すると仮定した場合の論理が、記号論理学として主流になり、現在にいたっているわけです。

さらに、イエス、ノー以外の真理の度合いを認めた論理学を、多値論理学とよ

んでいます。がしかし、現代科学技術を支配している論理は、明らかにあいまいさを認めない二値論理なのです。

　つまり、現在までの科学技術の世界では、あいまいさの排除は至上命令なのであって、排除することこそ、初めて論理となり、応用の道が拓かれていると考えられているのです。これが、近代合理主義の成立と深い関係があるのです。現代の科学技術は、近代合理主義の生みの親であるデカルトの思想に深く影響されています。つまり全体を部分の合成によって理解するというアプローチになります。

　アリストテレスが二値論理を始めた時に、実はあいまいさも同時に認めていたように、デカルトが分析的、客観的手法を提案した時、そのアンチテーゼとして、パスカルは総合性、主観性の重要さを主張している。パスカルは、デカルトが物質、理性を中心においたのに対して、精神と心情を中心に据えていた。また、デカルトの普遍性重視に対して、彼は、個別性を重視しています。デカルトからはあいまいさを取り扱う理論は生まれませんでした。一方、パスカルは現在に至るまでの理論の中で、あいまいさを扱っている唯一の理論とされている確立論の創始者となりました。

ファジィ理論の意義

　現代科学技術は、その対象を、物質からエネルギーへ、エネルギーから情報へと移していきました。情報が一番遅れて対象になったのには理由があります。それは情報があまりにもわれわれの生活に深く関わっていたため、その対象として認知されにくかったからです。

情報とは、情（なさけ）を報（しら）せることです。もっと考えてみれば、私達が伝えたいこと思っている内容を、紙とか電話とか携帯電話等の手段を用いて、記号に置き換えて、ある媒体を用いて、表現しなければなりません。本人が伝えたいものは気持ちだが、その手段は記号なのです。記号というのは、意味を担っている骨組み、スケルトン〔骸骨〕のことです。その意味（肉）は、情報の送り手と、受け取り手の解釈の相違が生じ易いのです。それは互いに人間だからです。ここにファジィ論の発生の原点が隠されているのです。

まとめ

ハイテクが進行中の現在、これまでの流れとは逆のあいまい理論に興味をもった理由は、今までの科学技術が客観一辺倒であることや、先端技術と常識とがかけはなれはじめていることなどから、人間にとって本質的なあいまいさを積極的に取り入れることにより、主観を復権させ、人間と機械とのインターフェイスを柔らかなものにすべきであるという本能的な直感が働いているからのような気がします。

Ⅲ　景観学への挑戦

藤沢　和

1　景観とは何か

(1) はじめに

本稿は地域における景観のあり方を目指すものである。本研究で真に求める景観の値の姿は、地域にとってあるべき景観の姿である。当該地域にとって目的に叶う必要な値を求めるための手法手順の確立こそが本書の目的である。

さてまず、なぜ景観問題なのかである。それは、現在の農山村の現状をかんがみて、明日の日本の農山村地域のあるべき姿の存在を目指して、的確な活力ある地域再生を目指して、一九七一年九月一六日より(11)今日まで、約三八年間、山村の現場を中心として研究を進めてきた。その地域とは、山形県西村山郡西川町である。まず町内の小山区において、圃場整備計画(12)、農道整備計画(13)〜(16)、生活環境整備計画(17)〜(22)等に関する研究を進めてきた。その研究半ば、すなわち一九九三年秋、研究方法に転機が訪れた。

その転機となった事項とは、一九九三年一一月一四日に起きた。その年は全国的な低温冷害で凶作の年となった。米の収穫はゼロに近く、ほとんど収穫できなかったことに起因してのことである。その打開策の一環として、秋の収穫祭の日に、救世主となるべく、基調講演を依頼されたのである。当日、当該地域における公民館にて、その壇上において、講演中（冒頭）、集まってくれた聴衆の雰囲気を感じた刹那、地域再生への鍵となるべく、〝景観〟という地域おこしにたいして、新しい視点を発見したのである。

(11) 前出注(1)に同じ。
(12)「アンケート調査にもとづいた圃場整備計画」、藤沢和・土屋廣視・間野浩一・中村章二・渡辺徹・森田伸昭・高橋穣児、明治大学農学部研究報告　No.40、1977
(13)「消雪道路のモデル実験」、藤沢和・石丸通恭・信国龍二、明治大学農学部研究報告　No.34、1975
(14)「かんがい用水を利用しての融雪道路の実験」、藤沢和・大津利明・矢野裕照・菊辻猛・日山雅敏・古川洋之助、明治大学研究報告　No.42、1978
(15)「克雪道路の現状と対策に関する研究」、浦良一・加藤隆・藤沢和・木村儀一、明治大学科学研究所報告第16号、1990
(16)「関東地方の降雪時における道路面積雪について」、藤沢和、農業土木学会誌、Vol.50-2
(17) 前出注(2)に同じ。
(18)「あきることなきスペインの田舎道12,000キロの旅」、藤沢和、農業土木学会誌、Vol.48-2、1980
(19)「スペインと日本の農村景観の比較事例」、藤沢和、農業土木学会誌、Vol.60、1992
(20)「土壌によるアンモニアガスの脱臭法（室内実験）」、藤沢和、農業土木学会誌、Vol.51-12、1983
(21)「土壌によるアンモニアガスの脱臭法（屋外実験）」、藤沢和、農業土木学会誌、Vol.52-2、1984
(22)「崩壊に瀕する過疎集落の展望と対策に関する提案」、藤沢和、農業土木学会論文集、Vol.118、1985

そこで、当該地域に潜在的に存在しているところの景観資源の発見に努めた。そのための方法として「景観測量」（Landscape Surveying）なる手法を考え、[23][24]これをもって研究をすすめることにした。また、この景観というものが、科学できない部分もあろうが、そこに物（物体）が実在する限り、多少なりとも、部分的にしろ、景観はある程度、科学できるはずである、[25]との見解を基に研究を進めた。

そして求める地域にとって必要な景観とは、あるべき姿とは何か、それを探求するために「あるべき論[26]」なる仮説をもって立ち向かっていた。

(2) 景観学の背景と目的

われわれは先達者たちの築いてくれた景観に関する貴重な理論や研究業績を基に、中腹まで辿り着いたものとして次に進む。

さて、ここから先は支援してくれた伴走者らと離れ、一定の距離を保ちながら、独自の景観の道を歩まなければならない。なぜならば尊敬してきた他の理論とは、類似はしていても、同じではないからである。たとえ困難が予測されても目指す山頂に向かって、自力で、一歩一歩足場を踏み固めながら、目標の値まで登り進まなければならない。

そこで仮説が必要となる。すなわち目指す山頂はいまだ見えないからである。したがって目標の位置はあくまでも、仮想して進まねばならない。アタックルー

(23) 前出注(3)に同じ。
(24)「実践景観論」藤沢和、地球社、1992
(25)「第一巻景観学序説」藤沢和監修（私家版）2008
(26) 前出注(4)に同じ。

トはあくまでも仮定「仮説」なのである。
それには三つの仮説が必要となる。すなわち、
①景観とは何か、
②よい景観とは何か、
③だれのための景観問題なのか、
である。それらを想定して、論理を展開してみることにする。

そこでまず、①であるが、現在存在している幾多の定義を参考にしながら、次のように一応まとめてみると、「景観とは自然界の中で人類が生きるために歩んできた軌跡を美的にみたさま」としてみる。また②のよい景観とはなにかであるが、「あるべき物が、あるべき所に、あるべき量あること」としてみた。そして③のなぜいま景観問題なのかであるが、「日本列島は山紫水明の豊かな自然を有し、この列島すべてが世界遺産にも匹敵相当する大変恵まれた風土の国だからそれ等を守り後世の子子孫孫まで伝え残したい」のである。だからこの風土を守り、育むことは、現代に生きて住んでいる者の責務であると考える。このコンセプトの発想が、やがて東洋全体へも拡散し、世界へも発信できうるようになれば、それが目指す目標の値であり、希望である。

(3) 景観の定義

日本ではじめて「景観哲学」なる語を用いたのは角田幸彦（明治大学教授）で

ある。そこで彼は次のように定義している。「景観とは、人（或る個人）が歩いたり立ち止まったりしている時、そのひとの目を通して身体全体に安らかさを与える天蓋と大地の一部の動くまとまり（ゲシュタルト）であり、この動くまとまりが、自然と文化の共存を伝えつつ、見えないものを湛えて、ひとと響き合う美である。かくしてひとに詩わせる聖なる静寂（しずけさ）である」としている。(27)

もちろん広辞苑での景観とは、「風景外観、自然と人間界のこととが入りまじっている現実のさま」とある。

また、造園学会編のハンドブックによると「Landscape planningは、ドイツ語の Landshafts Planning と同一の意味に解されがちであるが、井手によると、前者は Landshaftsbild（景域像、すなわち景観）の造成を目指していることが多いので、それに対するドイツ語はLandshaftsbild にあるという。したがって、後者の中心課題は、「景域の中に限られた自然潜在力と人間の諸要求との均衡を図る」ことにあり……」とし、これを次のように述べている。「自然立地的土地利用計画をたてるという立場からみると、人間のあらゆる文化活動の空間的、時間的投影としての土地利用形態を、それを支える生物生態的立地を貧化させずに、自然的潜在力を永続的に維持する範囲内で考える……」としている。(28)

また五十嵐敬喜（法政大学教授）は、幾多の景観に関係する書籍を出版しているが、彼によると〝人間が生まれてから死ぬまでの間の生きざま模様〟とも語っている。(29)

さらに、日本における「風景学」の第一人者、内田芳明は、中村良夫の定義を

(27)「景観哲学をめざして」角田幸彦著、北樹出版、1999
(28)「造園ハンドブック」日本造園学会、1987
(29)「美しい都市をつくる権利」五十嵐敬喜、学芸出版社、2002

引用して、「風景とは、いうまでもなく、地に足をつけて立つ人間の視点から眺めた土地の姿である」としている。(30)(31)

そして日本の景観関係の書の中で、バイブル的な存在にある和辻哲郎の『風土』には、「風土とは、ある土地の気候、気象、地質、地味、地形、景観などの総称である」として景観なる語を既にここで用いている。(32)

最後に筆者の考える景観の定義は、「自然界の中で人間が生きた足跡（軌跡）模様」とした。

(4) 景観美について

尊敬するロダン（Auguste Rodin, 1840–1917）はその芸術論において、「芸術の唯一の原則は見るものを模写することである」としている。彼がいう見るとは「眺めるのではなく、観ることなのです（凡庸な人間が自然を模写しても決して芸術品にはなりません）。また性格の力だけが芸術の〝美〟をなすところから、自然の中の醜いものほど美しいということがよく起こります（例えば嵐）」。「芸術家にとっては自然のなかの一切が美しい。要するに美とは、性格と表現です。」（以上「ロダンの言葉」高村光太郎訳より）としている。

また、角川の大字源辞典で美とは、うつくしい、うまい、おいしい、美酒、甘い、よいこと、立派であるもの、よいもの、うるわしい、きれい、としている。そして解意としては、肥大な羊の肉の意、すなわち肥えたうまそうな羊の肉の意

(30)「風景の現象学」内田芳明著、中央新書、1985
(31)「風景とは何か」内田芳明著、朝日新聞社、1992
(32) 前出注(7)に同じ。

味である。
私見で美とは、「生きとし生きる生活の中において、好感的に魂を揺り動かすもの」であり、表現を変えて言えば、「食いたいもの、触りたいもの、聴きたいもの、見たいもの、嗅ぎたいもの」の五感と、第六感の「感じてみたいよい雰囲気である」として考えている。

(5) あるべき景観とは

今日の日本においては、幾多の景観に関する書籍は出版されてはいるが、不幸にも「景観学」は見当たらない。それにはそれなりの理由があるのだろう。それはなぜか、と考えるならば、この「学」は、一言でいえば、あまりにも分野が広く、多種多様の要素を包含し必要としていて、広範に及ぶからだと判断している。すなわち理工系も、文系も、政治経済系も、医学系等々も、包含しているからだと思われる。

しかし、だからといって、手をこまねいているわけにはゆかない。景観の現実問題が、全国各地に山積しているからである。

まず、「存在論」(There problem argument) を展開し、実存空間のありかたを説いてみたい。具体的には、

①あるべき物が (substance, matter, material, stuff, article)

②あるべき所に (place, scene, site, locality, room, address, point, feature, time)

③あるべき量（quantity, amount, volume)

あることである。この三条件の要素を満たしていることが必要である。すなわち、よき景観とは、あるべき物が、あるべき所に、あるべき量、あることである。

（There are proper quantity and proper thing in its proper place)

ついで、そのあり方について補足しておくことにする。

①あるべき物とは、形ある物をはじめとして、人間が広く感知できうる森羅万象の物を指すが、これ以外に、無形の思想のあり方やモラルやセンスにも及び、法や哲学にも及ぶ範囲とする。

②あるべき所とは、ものがある所、実存の場である。すなわち都道府県市町村等と国や世界や地球をも包含する。また個人住宅や坪庭も、手の平に乗るような小面積も含むものとする。と同時に時間経過、すなわち過去・現在・未来をも考慮するものとする。すなわち、〝見えない場〟をも含むのである。

③あるべき量とは、嵩《かさ》を計るもので、物の大小や、そして限度となる分量をはかることである。そして心のあり方をも包含する。たとえば思いやりの程度やセンスや感性に対する反応、また関係する各自の能力までもこの範疇に入ってくる。

(6) 景観学の目的

日本列島の景観は、総じて言えば不備である。それはなぜか、幾つかの原因が考えられるが、先ず、景観の良し悪しを計る物差し（基軸）が皆無に等しく、ないのも同然である。そして、その原因の一つは、戦後復興に励んではきたが、西欧思想一辺倒で環境問題や景観問題を置き去りにして、進歩発展し、邁進してきたからであるともいえよう。

本著では数ある環境問題の中で景観問題から地域を、住み処を、日本列島を、東南アジアを、人間らしく生きる空間として、金があっても無くてもそれなりに守り、育み創造してゆく術を構築したいのである。

だから、いまここで一石を投じておかなくてはならない時と判断した。後は志ある者が後を継いで、更なる充実を飛躍に向って邁進してくれることを願うのみである。

2 事例検証

（1） 熱海市

はじめに

当該市は、日本を代表する温泉観光都市である。

熱海市は静岡県の最も関東よりに位置し、人口四万一九〇四人（二〇〇五年）の温泉観光都市である。そこを総括的に言えば、歴史も文化も伝統も実積もあり、大変豊かで非常に恵まれている地域である。しかし、現在の中身は大変、多種多様の問題が山積している現状にある。生活環境はぎすぎすし、交通環境にしても、ホテル関係施設の維持管理にしても幾多の問題を抱えている。その最大の理由は土地環境（地理的環境）が急峻にして、極く狭く（六一・五六平方キロ）、空間に余裕なく、街並みのビル群が林立し、その中で生活が営なまれている現状になる。だからこそ、当該地域に住む人々に、今、更なる知恵と人間性の創造と英断が問われている場である。

現状分析

◇あるべき物

＊お宮の松・・・しいたげられた環境にある

＊海岸線・・・なぎさ線が一部不備（手をかけすぎている）

＊名所旧跡・・・潜在的資源は豊富であるがあまり活かされていない

＊地理的環境・・・客寄せの潜在能力は抜群（東京都一二一六万八二四七人、横浜市三五一万八〇九五人、川崎市一二八万四八〇人（二〇〇五年調べ）の人々が住んでいる。
＊花火・・・せいぜい春夏秋冬の年四回位（現在は毎月）
＊その他
◇あるべき量
＊目指す方向・・・温泉観光都市、国際都市、人間都市
＊主要施設・・・住宅、ホテル、マンション、旅館、合同庁舎、上下水道、道路、公園、和の殿堂（起雲閣）、洋の殿堂、インフラ施設整備、地下都市、水上都市、教育施設、ほか
＊熱海市の五感考察・・・味覚――シーフード類、飲酒類、料理
触覚――なぎさ、温泉、小川、海風
視覚――松並木、海岸線、スカイライン、花火
嗅覚――潮風、桜、梅林、温泉
聴覚――下駄の音、潮騒、花火の音、松風
第六感――温泉観光都市
◇あるべき所
＊海・川・湧水――海は海らしく
＊山・陸地――山は山らしく
＊海岸――海岸線は海岸らしく

＊空――空は空らしく（汚さずに）
＊その他（森・温泉・ホタル・樹林等）
あるべき所にあるべき量あること
今日の熱海市の現状を見つめてみると、事例に選んだ理由は、そこは日本の都市の縮図のような幾多の諸問題点が見られるからである。すなわちそこは、狭い空間、そこにビル群が林立し集中していて、交通の便にして、憩える空間構成においても、問題点が山積していて、都市問題が集約されている空間と判断したからである。
そこで、当都市の現状の問題点をいくつか探って、指摘してみたい。当該都市は日本を代表するような温泉観光都市である。がまず、問題点の一つを指摘してみると、都市はあくまでも人間が生活を営む場であることだ。これがいま、多少その目的思想が薄れてみえ、まるでデズニーランドの真似をしている様に見える部分が幾つか垣間見える点である。市街地を散策していると、いくつかの点でこれがみえる。例えばそれは、防波堤の一部にセットされている人口ホタルであったり、また爆音けたたましい花火を頻繁に打ち上げでもある。当該市は歴史的に価値の高い文化財のお宮の松にしてもである。「熱海の海岸を散策する寛一お宮の二人ずれ……」の風景はどこに行ってしまったのか。どうして葬ってしまったのか、それらが集合されたの結果として、ホテルや旅館の利用観光客が、減少し、結果として旅館やホテルから、マンション経営へ転換に迫られてしまっているのではないのか、とも考えられる。

だから、いまいちど原点にもどって、都市とはいえ、要は人間が住まうところ、憩うところ、生活するところの趣旨を原点から出発して考えてみてはいかがなものだろうか。ディズニーランドは、周知のように幻想（夢の国）を目指している空間構成である。だから現実の都市生活とは根本的に違うのである。ホタルは本物のホタルを求めるべきだし、いまでもそれだけの風土が潜在的に当地は地理的にもっているところもある。松並木はあくまでも松並木らしく、海岸線は渚線らしく、自然と共に表現すべきである。小手先の景観形成は、かえってストレスを生み、憩えない場の景観形成となってしまうのである。

まとめ

日本の国土は狭い。また熱海市も狭い。だからなんとか手法を考えなくてはならない。その手法の一つに、日本では、作庭において、古来より〝枯山水〟手法の伝統がある。本方法は　膨大な無限大な自然を狭い庭空間に凝縮するという方法で、自然をデホルメ（抽象化）して、目的に叶った思想なり事物を表現する方法である。これが結果的に、空間を、その場を、広く（実際は狭いが、）雰囲気的には、ゆったりと広く感じさせる手法である。本方法を熱海市へ応用してみてはいかがか。

具体的には

・砂紋は――海や渚や砂浜

・樹木は――緑地や公園や広場

熱海市の街景観

・石組は――総合合同ビルやイベント用建物
・地表下は――駐車場や幹線道路やインフラ設備

等々を、考えてみたい。

そうみると、熱海には先駆的なホテルも存在している。彼らは半世紀も前に、これらのことに気がつき、計画し、実施している。その評価はそれぞれであろうが、それはそれとして、地理地形のよさを素直に認め、明日の〝ＡＴＡＭＩ〟を再構築すべきものと思われる。今の熱海の海岸線活用は、ほんの一部分の活用であって、本来の海岸線の基本、原点、本質を大切にしていない。だから本質を見失うことなく、確認しておいて、かつその上での活かした利用を考え、最大限の活用を夢みたい。いま一度熱海の二一世紀に向けて、原点に戻って考えてみたい。そして、二一世紀の日本はそれらに答えられうるだけの技術も科学も進歩発展していて、決して夢の世界だけではないものと考えている。そして、いま生きている我々には、この責務があるものと考える。

写真　京都大徳寺塔頭大仙院“中海の庭”

(2)　川崎市

はじめに

神奈川県の川崎市は、日本を代表する大都市の一つである。しかし無軌道にスプロール化し続けてきた結果、そこには数多くの問題が横たわっているとも言える現状にある。市は、言うまでもなく東京都と横浜市の間に挟まれた地に位置している街であり、また、交通にしても物流にしても、便利な地域であるとも言える。

しかし市は、過去の公害の町としてのレッテルを、今なお貼られたままで、完全には払拭できていない。すなわち、今なお隣町の横浜ナンバーの車に憧れている人々も少なくない。

結局、交通事情や、生活環境が特段悪いとは思ってはいないが〝とてもよい〟状態であると思っている人は少ないものと思われる。永住しようとすればもっと潤いとか何かが不足不備なものを感じながらも生活を続けている現状にある。

市の人口は、一二八万四八〇人（二〇〇五年調べ）、面積は一四二・七平方キロで、市を七区に分け、主として北部地域を中心として、人口は今なお増え続けて、近年、一四〇万人都市（全国第八位）となることが予測されている。

現状分析

現状分析を重ねてみて、結局、地域を、住みやすい潤いのある街にするためには何をすべきか、である。現場を見て、河川が河川らしく生かされていない。憩える森があるのか、再生させるべき里山の地が残されているか、等々である。また、それらを生かせたいのだが、そのために、必要なものはいったい何か。

それにはとどのつまり、人間性の復活であるとの判断をするに至った。すなわち、考え、苦しみ、耐えているのも住民（人間）ならば、また取り囲む管理者

（例えば役所スタッフ）も、人間である。そこが大切であって、ここを改革・改善に向けて、情報交換し、意識の高揚をはかり、理解と認識と融和によって、次世代に受け継ぐ遺産を守り、残すべきは残して行きたいのである。

『存在論』の検証――あるべき物とは

かつて、川崎市北部地域に里山は存在し、川も存在していた。その川にはどじょう、ふな、うなぎらが生息していた。他に蛍もタナゴやトンボも、うぐいすやキジも棲んでいた。しかし今は極めて少なく、絶滅も時間の問題となってきている。

これらの自然的資源はあるべき物か否かを今、見定めておかなければならない。もちろん筆者は必要と考えている。その理由は、こうした都市化の波は食い止められないとしても、その渦中にあっても、ここだけは守りたい里山地域だとか、鎮守の森だとか、場合によっては農地だとか、を考えてみて時にはまたそのために思想や条例も必要とし、死守していきたい。

あるべき所とは

身の廻りの景観を考えてみると、当該地域は高齢化が進む一方、都市化が急激に進むというアンバランスな状況が生じている。また高齢者を含めた住民の望む暮らしやすい環境、ここでは特に景観からの環境整備に取り組みたい。景観資源の保存や創造から考え、交通問題をも包含し、心の安寧を取り戻し、癒し空間を

里山づくり（飛森）

創造することを目指す。

すなわち、具体的事例には〝みどりの三角ピラミッド〟の構築を目指してみたい。もう少し具体的に説明すると、多摩川支流平瀬川（一級河川）の平ら地区を基軸（頂点）としたピラミッドである。三角の翼は〝水沢の森、生田緑地の森、高根森林公園の森〟である。ここを活かし、守り、死守して、川崎らしからぬ豊かな森を残し、里山を育て、自然を、一部ではあるが市街化する川崎市に定着させることである。

また、起点、頂点、基軸には、充分なる水量をもつ平瀬川の水を活かしたダイナミックな水車小屋の構築を夢見ている。かつては何基か当該地域には存在していたと伝え聞く。

あるべき量とは

基本的には川崎市全域を中心とするが、必要に応じて宮前区や隣接地域の多摩区／高津区等に区分しての各論も考慮する必要があるだろうと考えている。そして時には川崎市全域や隣接した横浜市の一部とも協調し、共生する考えも必要になるとも考えている。

身の廻りに実存している〝景観環境〟の実態を調査し、評価して、あるべき姿の形と質と時間軸によって進むものとする。具体的な課題としては、

①道路景観―沿道等の景観特質／交差点付近の景観特質

川崎市にも水田がある
（宮前区長沢。片山秋良氏所有、2008年5月撮影）

②広場景観─屋外イベント広場の現状分析と問題点
③都市農業─都市農業の存在意義の検討と保存
④緑地景観─在来植物の特質と保存／在来動物の特質と保存
⑤個人住宅景観
⑥その他

おわりに

公害の町のレッテルを貼られた川崎の再生に音景観からの挑戦である。再生を期しての新しい試みである。

いま川崎市に居を構えていて、終生ここで人生を終えようと思っている人がどのくらいいるかわからないが、とにかくいま満足して住んで生きて生活している人は少ないだろうと思っている。

では何をどうしたらよいのか、である。例えば、早春に時々聞こえてくるうぐいすの声や、ときには聞こえる雉の鳴き声、そしてまれだが、今では少なくなってしまってはいる、川面に乱舞するホタル等々や、山で咲く、山百合、これらをきちんと子々孫々まで残し、伝えたいのである。自然のにおいを感ずるこれら環境要素は、川崎市といえでも、確実に実存させ、保存し、守っていく政策、思想、配慮を確立しておきたい。そのための基本やセンスを日常化し、保存、継続、保護を、日常生活において常識化していくべきである。他にも道路環境、住宅環境、公園環境、学園環境もしかりである。ここにも住民が自然と共存して行く姿勢を

かがり火と太鼓と音楽と

保ち、それが自然体で生きられるようにしていきたい。

(3) パトネス村（スペイン）

当該村へはスペインの首都マドリッドから、車で約一時間位、北へ走ったところに位置している。もちろんこの辺は、スペインのメセタ（標高九〇〇メートルの中央平原）の範疇に入っていて、準砂漠地帯（年間降雨量四〇〇ミリ程度）の中に存在している。村の主産業は牧畜業で、山羊や羊がその主なもの。そして牧畜業の主は他の町に住み、村には牧童が住み着き、生活を古くから続けてきた歴史ある村の一つで谷間にある。

村の人口は、初めて村を尋ねた時数人（三戸）で、まともな家は一戸のみとなってしまっていた。

しかし過去において当該村は牧畜業を主体にした展型的な山村で、家も石造りにて、自給自足の村であった。

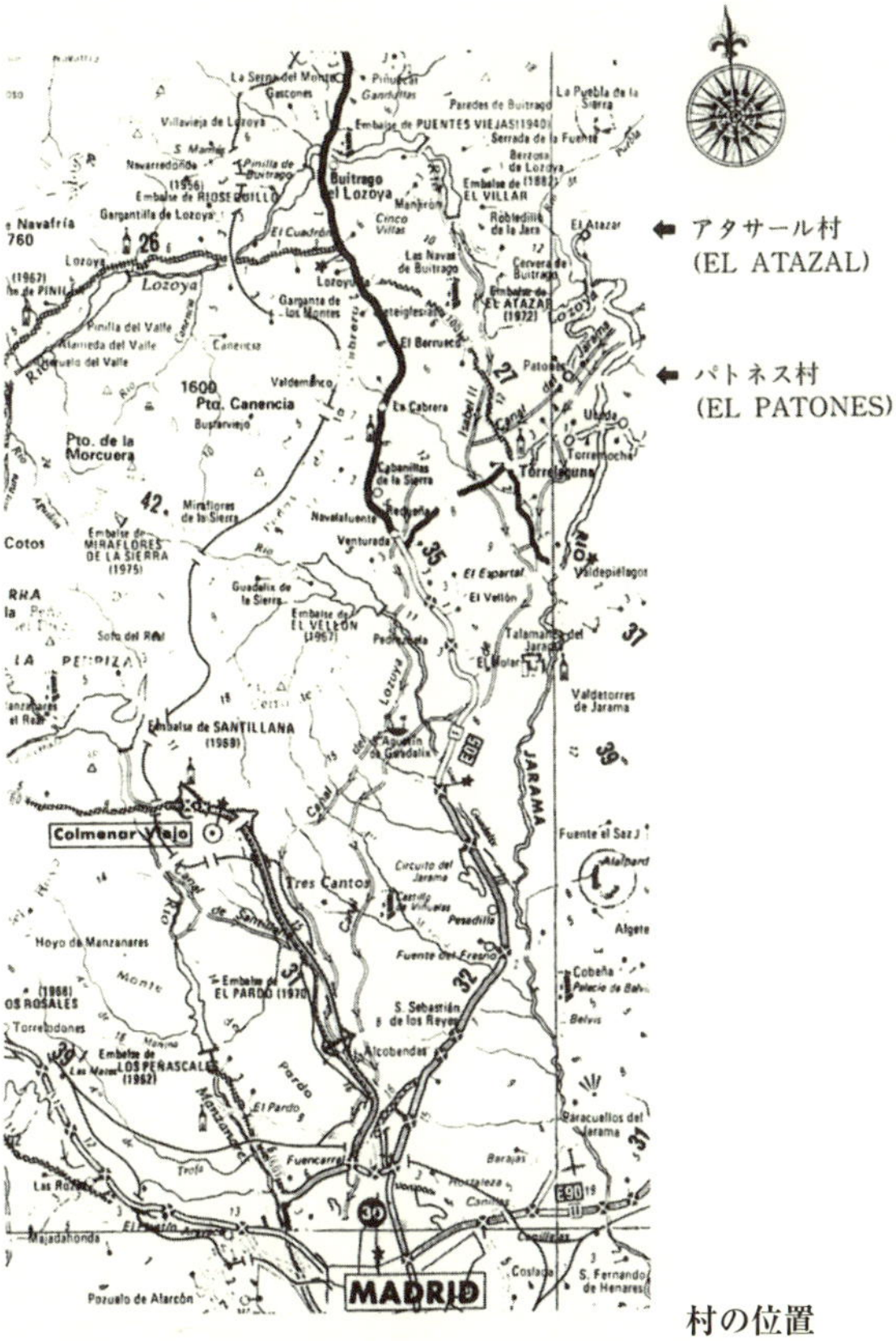

村の位置

(1) 人口――一九七八年　集落戸数三戸、七人程度
　二〇〇〇年　集落戸数約一二戸、約三〇人程度
(2) 主産業――過去―牧畜業
　現在―観光、別荘、牧畜、その他
(3) 家屋構造――石造り（村から産出の粘板岩が主）
(4) 交通機関――車（首都マドリッドまで約六〇分、六〇キロ位）

スペインでも過疎化の波は存在していたが、その波を受けた集落が、なぜか近年（二〇〇〇年頃以降）復活した、稀有な集落のケースである。その経過や理由を探るべくこの村に注目してみた。村の最高時の戸数は約二六戸位である。

大変な狭い谷あいの村であることと、当該村産出の粘板岩一色の家屋構造の佇まいであるため、自然にマッチした、風景が広がっている。で、特筆すべき点は、修復においても再建にあたっても過去も現在も、伝統的な家屋構造を一様に貫いていることである。

① その理由としては首都マドリッドまでの交通道路が、フラットで直線的で幅員適度にて、比較的容易で出入りが可能。
② 一貫した地産地消の粘板岩の家屋構造材料である。
③ 癒し系の村の雰囲気の創造がされている。
④ 当該村はいま老後の余生を楽しみながら過ごす人々が多く、またベッドタウン化して住む住民が多く生活している。

以上をまとめると、

村の全景

①あるべき物――地産地消に徹している材料、思想、食糧。
②あるべき所――谷あいで狭いがゆえの統一観を大切にしている。
③あるべき量――家屋再建、または修復に従来手法を踏襲している。内装は別だが、外装は変えていない。長野県の小布施町の宮本理論はここでも根付いている。

集落の佇まい
再建の家も外観は昔のまま。写真中央が新築中の家

集落内の辻にて
どこか日本と類似の雰囲気が。

スペインのパトネスむらは、限界集落（過疎）の村であった。だがしかし、近年、再生した集落である。一九七一年には、まともに家庭生活を営んでいる家は一軒しか見当たらなかった。その他にも、老人が一人、老婆が一人で住んでいた家があり、合わせて二軒、計三軒だけであった。ところが現在、むらから離れ、転出して行った人々が、都市からむらへ帰ってきたのである。その理由はいくつか考えられる。それは彼らのふるさとであったからである。だがそれ以外にも理由がある。その一つは、むらは、〝地産自消〟を原則として生きているからである。それは家屋構造にしても、衣食住にしてもである。例えば、家屋は、現場にある粘板岩を用い、食事も、周辺の野山に放牧されている、山羊や羊の肉を基本とした食生活、一見、数百年前とあまり変わらない、また変えない生活がそこには育まれているのである。もちろん徹した魅力ある空間が横たわっているのである。と同時に、再生の強い要因は彼らのふるさとでもある点である。

3 結論

1　該当地域における景観形成の目的の確立

事例で述べたように、熱海市には〝温泉観光都市〟としての誇りと自覚と責務がある。これが当該市が目指す方向であり基軸である。川崎市では公害の町の汚名返上である。なんとか、前向きに、新しい芽を幾つか育てていかなければならない。例えばそれは、〝音景観〟からの地域の再生である。春の鶯の鳴き声を守り、時には鳴く雉の声も、川面に乱舞するホタルも小川のせせらぎと共の残し、守っていかなければ、市の再生はありえない。そしてスペインのパトネス村がコンセプトにしているであろう〝地産地消〟の精神は、その積み重ねは、すばらしい価値ある貴重な求める空間が存在している。

2　当該地域の景観資源の発見と自覚

山形県の片田舎の小さな集落を垣間見て、感じ取り、発見した〝景観測量〟なる手法によって、多少なりとも科学する方法を目指しながら、当該地域の景観資源の発見に努め、確認し、自画自賛してでも、いま住んでいる地域に自信と愛着とをもち、更なる地域発展、更なる憩える空間づくり、更なる和して仲良く共存共栄の空間づくりに勤しむべきである。

3　当該地域にあるべき景観の姿へ向かっての手順構成手法

地域にとってあるべき「景観」の姿とは、「あるべき物が、あるべき所に、あるべき量、あること」として学（論）の仮説を立て、それを基に進めてきた。すなわち「存在論」（あるべき論）である。

(1) あるべき物――「素材論」

① あるべき物

- 無形―感性・思想・哲学
  - ―〔例〕コンセプト、社訓、家訓、法、条例
- 有形―素材・材料
  - ―〔例〕日月火水木金土と動物（人間も含む）

（注）有形のあるべき物とは『七曜日論』は例を掲げやすいのでこれを用いて論ずると（他に動物の存在が必要だが）。

〔例〕日―太陽、日陰（村）、日向（村）、日照、春夏秋冬

月―中秋の名月、潮の満ち干、夜景

火―火祭り、松明、燃料、灯油、かがり火

水―水車、ダム、湖沼、海、河川、雨水

木―木材、樹、森、板、森林、木

金―鉱物（石材）、貴金属、金、コンクリート、鉄

土―大地、地平線、土壌、山岳、砂漠、平原、草原

動の景観

- ①―動物
- ②―昆虫類（蛍、とんぼ）
- ③―魚貝類（たなご、うなぎ）
- ④―流水、滝、河川

② 景観

- 自然系景観
  - （動の景観）
    - ⑤—野鳥
    - ⑥—流れ星、月、太陽
    - ⑦—火、風
    - ⑧—その他
  - 静の景観—山岳、湖沼、樹木等
- 人為系景観
  - 動の景観
    - ①—飛行機
    - ②—自動車、電車、自転車
    - ③—神輿、馬車、人力車
    - ④—噴水、滝、疏水
    - ⑤—風車、水車、防霜ファン
    - ⑥—人間、阿波踊り、盆踊り
    - ⑦—かがり火、松明、ランプ
    - ⑧—その他
  - 静の景観—家屋、道路、ダム、水路等

(2) あるべき所――「衣服論」

景観環境構成図としてあるべき状態を表してみると、

① 在るべき所

- 表生地
  - 縦糸—生産活動の主体
  - 横糸—環境問題
- 裏生地
  - 縦糸—思想・哲学等

②　存　在
　├─場（空間）─（例）地球・アジア・東洋・都道府県・市町村・個人住宅等
　│　└─横糸─景観問題
　└─時間─┬─過去
　　　　　├─現在
　　　　　└─未来

（注）あるべき所とは
・「ばらの木にばらの花咲き」、「柿の木に柿の実がつく」
・適所適材─そして新緑の候にはうぐいすが鳴く、これ自然の節理。

(3) あるべき量─「過不足論」（質と量の検証）

①　質─┬─総合・分析
　　　├─定性・定量
　　　└─帰納・演繹

②　量─過不足論
（注）事例

＊　10／3＝3・・・余り1（公害の原因となりやすい）
9／3＝±0・・・理想の状態になる
8／3＝3・・・不足1（要素や素材を補塡）

＊　過ぎたるは猶（なお）及ばざるが如し（10／3）

＊　帯に短し襷（たすき）に長し（8／3、10／3）

＊　衣食足りて礼節を知る（9／3）

（4）考察

①　景観とは、一人一人の顔がその人の歴史や人柄を物語っているように、当該地域の景観は、その地域に住み、関係する人々の暮らし方や生き方が反映されているともいえよう。そして多種多様な環境をも明示し、暗示もしている。更に自然環境や社会的環境、そして思想や地理的環境の全ての実態が姿を現しているのではないかとも考えている。

これを「景観環境構成組織図」として捉えてみた。例えば、水路構造物には水を流し通す目的がある。また道路構造物には人や物を通す目的があり、水田圃場には主食たる米を生産する主目的が存在している。また家屋には人を住まわせる任務がある。と言うように各構造物にはそれぞれの目的が存在しているのである。

しかし、各構造物にはこの目的のみで考えて構築してよいわけではない。そこには環境問題や景観問題が並存していることを忘れてはならない。そのことを十分配慮して事を進めなければならないことは言うまでもない。

これを説明するために、織物の例をもって説明してみた。まず、表生地の縦糸が主目的の生産活動、横糸が環境問題とする。そして裏生地の縦糸が、理念、思想、哲学の存在である。そして横糸は景観問題であるとしてみた。

すなわち、景観問題が不備と言うことは思想関係が不備となる。そして環境問

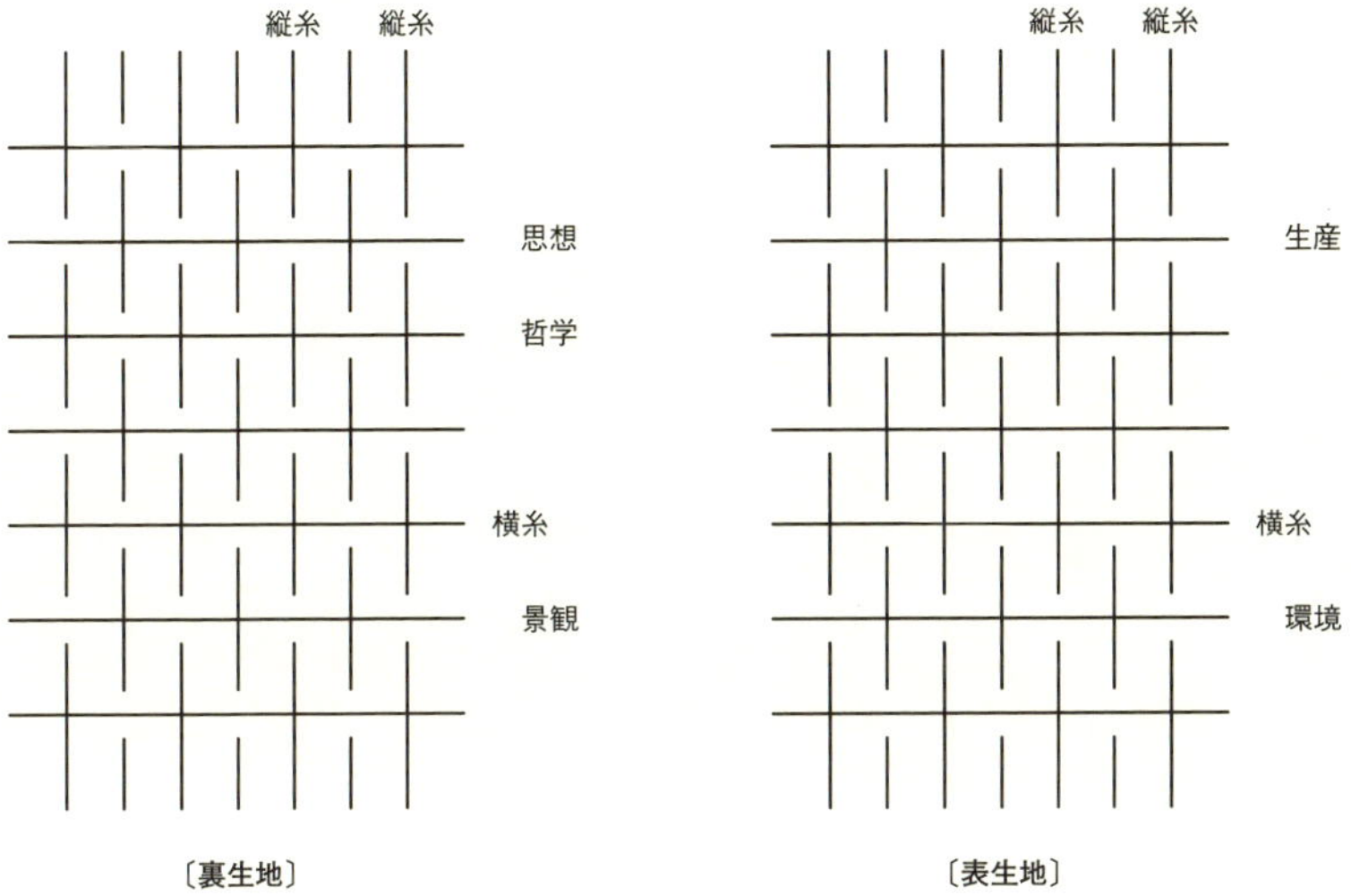

景観組織構成図（織物図）表・裏

題が不備としたら、それは裏生地が不備ということになる。だから、景観問題の不備ということは、表裏一体として考察し、どこかに不備な点が内在しているはずであるものと考えるのである。

だから、目的に叶った表裏一体の織物は、両面全てが充実している必要がある。すなわち、リバーシブルが可能な、着物である筈なのである。

② 景観美とは――食える景観であるともいえる。すなわち食べたい、見たい、聴きたい、触りたい、嗅ぎたいものを指す。

景観の動と静とは――ゆらぎ（静と動）のことで、静は死を意味し、動は生きていることの証。ゆらげるうちは動であり、これはとりもなおさず、生きていることの象徴である。したがって止まって動かないのは死を意味し、無機質であり、他の力が加わらない限り死となる。というイメージにて景観問題とかかわってみてはいかがなものでしょうか。動くものは生を意味していて、そこに一種の景観的魅力を秘めた結果となり、演出できるのである。例えばそれは、祭りであり、朱鷺であり、水車であり風車でもある。

③ 雰囲気論――古来より多くの人々が集まる名所や旧跡には、それなりの雰囲気が存在している。また数多くの観客を誘因するような遊戯施設があり、そ

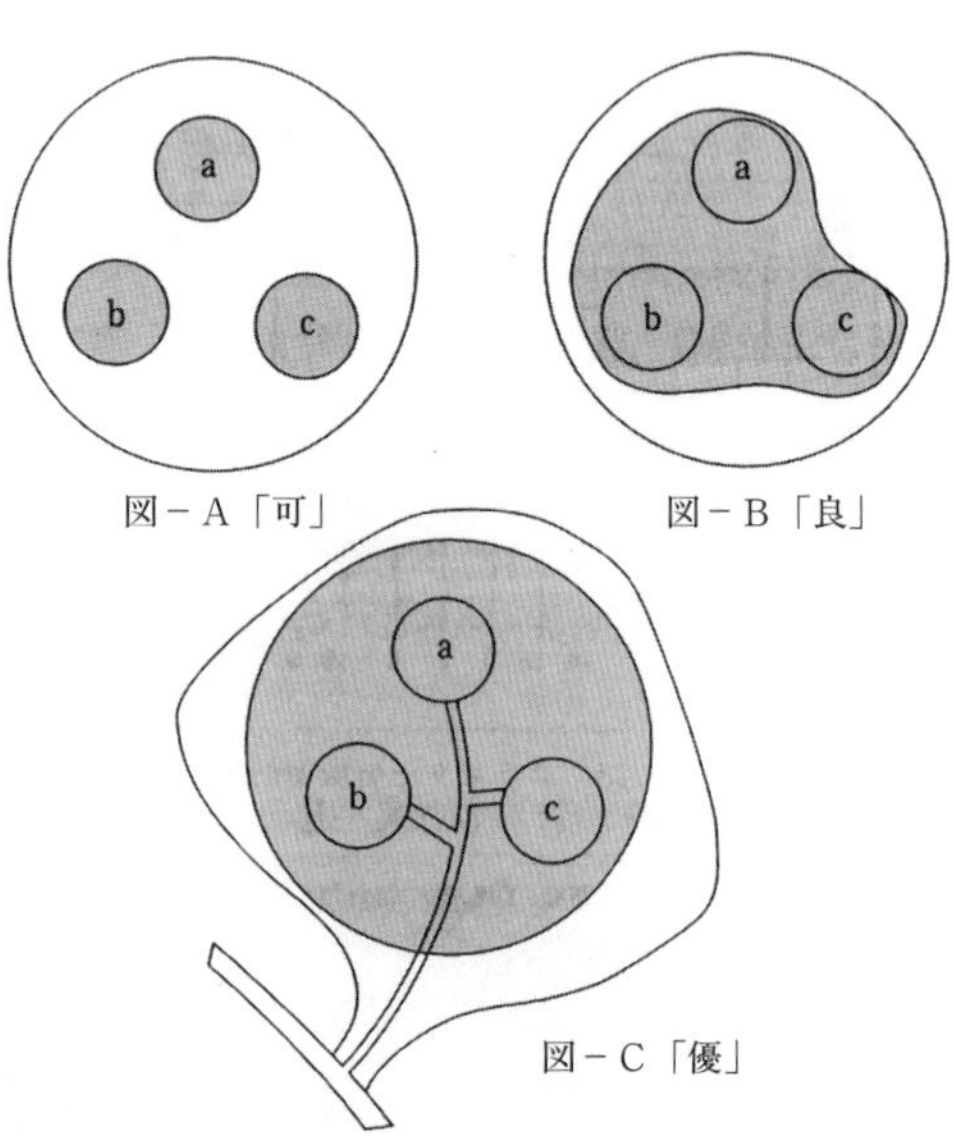

図－A「可」　図－B「良」

図－C「優」

雰囲気構成「可・良・優」

1）A：可、B：良、C：優
2）a、b、cは各施設
3）黒塗り部は雰囲気構築部を示す

こにはまた、それなりの雰囲気がある。例えば、それは、伊勢神宮（三重県）であり、出羽三山（山形県）であり、東京ディズニーランド（千葉県）であり、マザー牧場（千葉県）である。

人々を引きつける、即ち誘因する理由を考察してみると、そこには共通した取り組みが見られる。それは当該担当管理者が管轄地域内における各施設、設備、素材にたいして、一つの目標（または目的）に向かって、一貫性ある思想と行動をとっている、と判断できうる。すなわち、神社はあくまでも神社らしく、遊園地はあくまでも遊園地らしく、牧場はあくまでも牧場らしくである。それが、観光客らに対して、当該地域特有の〝雰囲気〟を醸し出しているのである。

それが、ビジターにたいして、一過性ではなく、同じ観光地へ二度三度と尋ねくる要因ともなるのである。

この雰囲気の存在形成は、一朝一夕には構築できないが、何を、如何に、どう構築するかは必要なことなのである。

もちろん、景観評価はとどのつまり、人間の五感機能による判断が基となる。五感からの刺激によって第六感として総合化されて判断される。ここではこれらの情報を得るために「脳波測定」という方法によって、一応その結果を参考にして、研究を進めてきた。

さて、当該地域におけるあるべき景観形成のための手法に関する結論は、

【第1段階】――当該地域の景観形成のためのコンセプトの確立

【第2段階】――当該地域の景観資源の特質を明らかにし確認すること……

「景観測量」

【第3段階】――当該地域に適したあるべき景観像を確立すること……「あるべき論」

【第4段階】――結果の成否を検証すること……「衣服論」

【第5段階】――総括として雰囲気（論）にて検証すること……「脳波測定」

「SD法」（Semantic Differential 法の略）C・E・オスグッドが一九五七年に提案した心理測定の一方法等

以上が、これからのあるべき景観形成のために必要な手順と方法である。

あとがき

二〇〇九年一〇月、広島県と福山市がすすめる景勝地、鞆の浦の埋め立て・架橋計画に反対する住民が免許の差し止めを求めて訴えた判決で広島地裁は、鞆の浦の景観は「国民の財産」であり、埋め立てが行われれば景観の影響は重大で「埋め立ては裁量権の逸脱」として原告の訴えを全面的に認めた。景観を理由に公共事業の差し止めが認められたのは初めてである。ただし広島県は、今後の公共事業に与える影響が甚大であり、「景観利益」の範囲や内容があいまいとして、高裁に控訴した。

景観は長い年月をかけて形成されるものであり、そこにはそれぞれの地域の歴史、伝統、そこに住まう人びとの息づかいがあり、また時代の変化とともに意識も変化する。また厄介なことに景観には主観の占める割合が高いとも言える。こう考えると、人間が人工的に、一から試験管で人間を作れるようになるまでは「景観学」は完成しないだろうとの不安に駆られる。

ただ言えることは、景観は一旦壊れると修復は不可能に近い。都市も農山村もこれ以上壊して欲しくない、そのために誰しもが認める景観を科学するという本書のささやかなメッセージが、少しでも伝われば望外の幸せである。

なお本書をまとめるにあたって、明治大学とくに科学技術研究所所員の支援があったことをここに明記しておく。

（編著者）

[主な執筆者]

丹《に》羽《わ》鼎《てい》三《ぞう》
1891年横浜市に生まれる。1917年東京大学農学部農学科卒業。1929年東京大学教授。1935年日本造園学会長。1954年明治大学教授。1967年逝去。

小《こ》林《ばやし》一《かず》彦《ひこ》
1941年長崎県江迎町生まれ。1967年鹿児島大学工学部建築学科卒。1968年鹿児島大学専攻科建築学専攻終了。同年京都建築事務所入社。2009年同所を退社し、同年小林一彦建築設計事務所開設。主な作品に、鹿児島市民病院、第一びわこ学園、立命館大学西園寺記念館、愛生病院、同志社大学看山ハウス。

武《む》者《しゃ》利《とし》光《みつ》
1931年東京都生まれ。1954年東京大学理学部物理学科卒業。日本電々公社電気通信研究所、マサチューセッツ工科大学、スウェーデン王立工科大学、RCA東京研究所各研究員、東京工業大学助教授を経て教授。77年、第1回「1/fゆらぎの国際会議」を開催、以降2年おきに世界各地で開催。現在、㈱脳機能研究所代表取締役、東京工業大学名誉教授、ゆらぎ現象研究会代表、ゆらぎ研究所所長など。

向《むかい》殿《どの》政《まさ》男《お》
1942年、東京都に生まれる。1970年明治大学大学院工学研究科博士課程修了。1978年同大学理工学部教授、現在に至る。明治大学情報科学センター所長。工学博士。専門は、ファジィ理論、多値論理、安全技術、特にフェールセーフ論理、フォールトトレラント（超高信頼化）システム、計算機の論理設計など。現在、日本ファジィ学会理事、国際多値論理シンポジウム委員、多値論理研究会委員長、システム信頼性委員会主査、私立大学等情報処理教育連絡協議会管理委員。

[編著者紹介]

藤《ふじ》沢《さわ》　和《かず》

1939年長野県伊那谷に生まれる。1963年明治大学農学部卒。造園学を丹羽鼎三に、農業土木学を田村徳一郎に、農村計画学を浦良一に学ぶ。1978年スペイン留学。1989年明治大学教授、現在に至る。

主な著書：「現代測量学I」(共著) 地球社、1981。「現代測量学II」(共著) 地球社、1982。「実践景観論」地球社、1992。「景観論」あまのはしだて出版、1994。「過疎地域の景観と集団」(共著) 日本経済評論社、1996。「景観環境論」(共著) 地球社、1999、ほか。

景観学への道

あるべき景観の姿を求めて

2009年11月5日　第1刷発行

定価 (本体2200円＋税)

編著者　藤　沢　和

発行者　栗　原　哲　也

発行所　株式会社日本経済評論社

〒101-0051 東京都千代田区神田神保町3-2

電話 03-3230-1661　FAX 03-3265-2993

E-mail : info8188@nikkeihyo.co.jp

振替 00130-3-15798

装丁・渡辺美知子　　印刷・製本／耕文社

落丁本・乱丁本はお取替えいたします　Printed in Japan

ISBN 978-4-8188-2079-1